Richard Templar
泰普勒法则丛书

思考

多维度判断与决策

原书第2版
Second Edition

[英] 理查德·泰普勒 著
陶尚芸 译

The Rules of Thinking

图书在版编目（CIP）数据

思考：多维度判断与决策：原书第2版 /（英）理查德·泰普勒（Richard Templar）著；陶尚芸译. — 北京：机械工业出版社，2023.12

书名原文：The Rules of Thinking, Second Edition

ISBN 978-7-111-74383-5

Ⅰ.①思…　Ⅱ.①理…　②陶…　Ⅲ.①决策（心理学）–研究　Ⅳ.①B842.5

中国国家版本馆CIP数据核字（2023）第233177号

机械工业出版社（北京市百万庄大街22号　邮政编码100037）

策划编辑：坚喜斌　　责任编辑：坚喜斌　陈　洁

责任校对：曹若菲　梁　静　　责任印制：张　博

北京联兴盛业印刷股份有限公司印刷

2024年1月第1版第1次印刷

145mm×210mm・9.625印张・1插页・202千字

标准书号：ISBN 978-7-111-74383-5

定价：59.00元

电话服务

客服电话：010-88361066

010-88379833

010-68326294

封底无防伪标均为盗版

网络服务

机　工　官　网：www. cmpbook. com

机　工　官　博：weibo. com/cmp1952

金　　书　　网：www. golden-book. com

机工教育服务网：www. cmpedu. com

序 言

正如法国哲学家笛卡尔所说:“我思故我在。”他的意思是,我们之所以知道自己的存在,正是因为我们有能力质疑自己是否存在。这句话太深奥了,但它强调了一个事实,即思考是表现真实自我的根本。

因此,我们的思维越清晰、越有效、越连贯,我们就能生活得越好。如果我们的思维过程是模糊的、混乱的和不连贯的,我们就很难做到好好思考,更不用说幸福和成功源源而来了。我们的思维会影响我们的感觉,所以,我们有必要把这个基础打好。一旦我们能好好思考,就有机会打造完美的余生。

这不是一本关于思考的提示和策略的书。市场上的同类书很多,其中一些非常有用,但大多是关于技巧的。而本书不同,它分析的是你的心态和思维方式。它诠释的是你会这样思考的原因,并利用这种洞察力来改进你的思维方式。套用一句传统的谚语:“授人以大脑,不如授人以动脑方法。教他如何思考,就等于终生喂饱他的大脑。”我想把我毕生的观察和经验传授给大家,告诉大家哪些思维方式真正有效。愿你养成一流的思维习惯。愿你成为娴熟的思考法则玩家。

这一切都与习惯有关。我们把所有清醒的时间都用于思考,所以我们不再监控自己的思考方式。我们的行动会在不经意间变得草率。当你参加驾驶考试的时候,你会有意识地做你学过的每件事，但是，当你开了几年车之后，你的双手会不自觉地交叉在方向盘上，踩离合器的脚会滑到一边……你已经不去想那些必做的事了。但你依然可以正确驾驶，这是好事，因为正确驾驶已经成为你的本能了。然而，真正麻烦的是，你甚至不知道自己已经忘记了一些关键技能。

无论我们是否从小就养成了良好的思维习惯，我们仍然需要监控我们的思维方式。我们可以学习新的技能，重新学习生疏的技能，摒弃我们已经养成的坏习惯。研究人员发现，养成一个新习惯需要 66 天的时间，也就是两个多月。这是一项真正的科学研究，没有任何私人动机，所以我们没有理由质疑这些研究结果[㊀]：“当然，这是一个平均数字，没有必要考虑到新习惯是否有用或令人愉快，或者是一个日常的普通习惯，虽然这些差异必然会导致不同的结果。”尽管如此，很明显，如果你练习这些思考法则好几个月了，当然就可以学会更聪明地思考（有几个章节可以帮助你做到这一点）。你在生活和工作中的思维差异会在一开始就很明显，在这 66 天左右的时间里，你会养成一种新的思维习惯。

不过，这种新习惯不会演变成完全无意识的习惯，因为，当你读这本书的时候，你会意识到很多思考法则都是关于思维过程的意识问题。很多混乱思维的问题源于一个事实，即我们不知道大脑是如何运作的，如果我们想让自己的思想走上正确的道路，就需要好好处理一下。一旦这成为一种习惯，就不会像听起来那么费劲了。首先，即使我们做得很糟糕，我们通常也会把精力放

㊀ 这些研究结果很重要，比如，法则 93：不要相信统计数据。

在思考上，所以我们多半会重新分配同样的精力。其次，做思考法则玩家并不意味着我们永远不能在屏幕前抛开烦恼、休息或放松。我们当然可以休息，我们的大脑需要时不时地休息一下，我们的身体也是一样。

监控自己的思维习惯其实就是质疑自己，观察自己的大脑是如何运作的，因为这会给我们带来洞察力。例如，如果你和你的伴侣争论该轮到谁洗盘子，而不管最后到底是谁洗盘子，你们都会很容易惹恼对方。思考法则玩家会问自己为什么紧张，并问自己:“我为什么会参与这样的争论?”“到底发生了什么?”关于谁洗盘子的争论实际上很少是关于洗盘子本身的，而是说，你被对方视为理所当然的洗盘子者，或者被对方认为你就是适合保姆的角色，或者你会萌生一种被人剥削的窝囊感。你在想清楚之前，可能已经把盘子洗干净了，但你还没有认识到真正解决问题的思想根源。所以，下次需要洗盘子的时候你们又会争吵，这也就不足为奇了。这场争论会再次爆发。

一些更聪明的思考方式会让你感觉更快乐、更有韧性，而另一些则会帮助你更有效地组织信息或做出更好的决定。遵守思考法则将提高你的创造力和解决问题的能力，以及聪明地分析、评估和批评的能力。聪明地思考会对你生活的方方面面产生积极的影响——在家里，在工作中，在你的人际关系中。

在某种程度上，这本书根本不是关于如何思考的。许多思考法则都是关于如何消除阻碍我们进行良好且清晰思考的障碍的——如何避免自私自利，回避无效假设，规避思维陷阱。一旦你做到了，思路清晰就是轻而易举的事。

如果恰好有 100 条思考法则，那就太巧合了。在这里，我只选出了关键的 100 条法则，它们足以显著地改变你的思维模式，使其变得更好。一旦你掌握了这些法则，就能更好地挖掘自己的思考法则。

理查德·泰普勒

玩转思考法则

读一本囊括了让你自我感觉更聪明、更智慧、更快乐的 100 条法则的佳作，也许听起来有点令人生畏。我的意思是，你从哪里开始呢？你可能会发现你已经遵循了其中的一些法则，但是，你怎么能期望一下子学会几十条新法则，并开始将它们全部付诸实践呢？别慌！记住，你不需要做任何事情——你这么做是因为你想这么做。让我们把事情保持在一个可控的水平，这样你就可以继续这么做了。

你可以用任何你喜欢的方式来做这件事，但如果你需要建议，下面是我的建议：通读这本书，挑出 3~4 条你觉得会对你产生重大影响的法则，或者你第一次阅读本书时突然想到的法则，或者对你来说是个绝美起点的法则。把这些法则写在下面的横线上：

____

____

____

坚持几个星期，直到这些法则在你心中变得根深蒂固，你就不必那么努力了。它们已经成为你的一种习惯。干得漂亮，太棒了！现在你可以用你接下来想要解决的更多法则来重复这个练习。把这些法则写在下面的横线上：

____

____

____

目　录

第三章 健康思考

第四章 条理性思考

第五章　创造性思考

第六章　求解式思考

第七章　一起思考

第八章　决策性思考

第九章　批判性思考

第十章　附加法则：冷静思考法则

第十一章　其他不可错过的人生智慧

第一章

独立思考

如果你想成为一流的思考者，就必须独立思考。也就是说，你必须独自一人思考，不能让别人替你思考。这听起来理所当然，但你会惊讶于我们是多么频繁地走捷径，总是借用别人的想法。

好吧，我不打扰你自己去研究“相对论”了。在某些专业领域，你没有能力进行相关的思考，但你可以让科学家、数学家、顶级经济学家、统计学家和工程师替你思考[㊀]。即便如此，如果你不能确定他们说的内容明确且没有明显的偏见，就不要相信他们的话。

不过，你需要高水平的训练来理解思维过程。从现在开始，你所有的思考都是自己的，为自己思考，靠自己思考。除非你可以做到独立思考，否则你根本不能自称思考者。

每个人都有不同的观点，别人的逻辑并不总是适合你。我们都是独立的个体，让别人替你思考不仅是懒惰的做法，而且也未必能得出正确的结论。所以，本书第一章的法则是你的必备基础，掌握了这些法则，后面的章节读起来才有意义。

㊀ 如果你是一位世界级的物理学家，请接受我的道歉。

法则 001

远离“回音室效应”

小时候，你不知道如何更好地按照父母教你的去思考。如果他们说把手肘放在桌子上不好或每天换内衣很好，你就会相信。作为孩子，你可以遵从父母的价值观和思维体系。随着年龄的增长，你开始发现你的老师有一套稍微不同的法则，你的校友可能又有不同的价值观或法则。所以，你开始修改你之前的观点，吸收那些和你父母的想法不同的同学或朋友的观点。当你年轻的时候，你可能会详细考虑这些问题。

当然，跟那些和你想法大致相同的人在一起，会让你感觉很舒适。当你形成自己的价值观时，你会寻找与自己志同道合的人。这意味着你们有很多共同语言，你们不会没完没了地争吵。当别人说出你已经在思考的东西时，你会觉得自己被认可了，还觉得自己一定是对的，这会强化你的观点，让你觉得自己有归属感。这是一种很好的感觉，你们可以花时间一起验证彼此的信念。你会感觉自己是对的，而且受到了重视。你可以找到一个和你想法相同的伴侣，可以结交和你一样的朋友，可以在一个其他人和你想法相同的地方工作。

这就是我们所说的“回音室效应”。是的，这让人感到舒适和确信，但也让你很难做自己。在你的世界里，每个人都以同样的方式投票，支持同样的事业，拥有同样的信仰、偏见和价值观，并且他们都归属于强化自己的社交媒体和网络群体。

采用其他思考方式变得越来越难了。首先，你实际上阻止了自己去接触不同的世界观。你得让你的朋友承认他错得有多离谱却自鸣得意。这意味着你不想改变自己的观点，否则你的朋友会让你承认你错得有多离谱。被朋友否定的感觉并不好。

可是，世界上到处都是人，很多都是可爱的人，但他们并不是在所有事情上都和你意见一致。你可能很少遇到与你意见不同的人，但他们的观点真的都错了吗？他们中的一些人和你一样聪明，并且以和你一样有效的方式实现了他们的信仰。也许他们的方式更有效，因为你已经停止了思考，进入了群体思维的状态，你的观点是集体的，从此你无须继续挑战自我。你不再是一个思维独立的人。你已经不知不觉地变成了一只听话的小绵羊。

如果你想成为一名卓越的思考者，就需要改变现状，强迫自己拓宽视野，以真正开放的心态去倾听别人的想法。要做到这一点，最好的方法就是结交朋友时要看他们是什么样的人，而不是看他们有什么样的信仰。你的目标是结交不同年龄、不同文化背景、不同阶层的朋友。这些背景元素会让你以一种更微妙的方式来看待这个世界，如果你的信仰不能与之完全契合（因为这些元素并非千篇一律），就需要独立思考。

结交朋友时要看他们是什么样的人，
而不是看他们有什么样的信仰。

法则 002

不要害怕观点不一致

有人认为“独立思考”是件可怕的事情。谁知道独立思考会把我们带向何方？你获得的原则和信仰可能会让与你在一起的人觉得不舒服。你会发现自己处境艰难。你可能不得不勇敢地承认自己对某些事情的看法是错的，或者至少不是正确的。成为独立思考者的障碍之一是害怕与周围的人观点不一致。

听着，这是可以理解的。但你得慢慢来。世界上还没有“思想警察”——至少现在还没有。没有人需要知道你在想什么，除非你准备好让别人知道。你不必对你的家人说：“我需要你们所有人都知道，我认为你们的生活方式是错误的，我对此完全拒绝。”独立思考不需要你分享自己的新观点，除非你愿意。

如果你开始结交拥有不同背景和信仰的朋友，这一切都会变得容易——这只是这样做的好处之一。一旦你远离“回音室效应”，拥有独立的想法，就会更容易被人接受，你会很高兴认识那些同意你新想法的人和不同意你新想法的人——两者都很有趣，也很令人愉悦。当然，你也必须接受别人的不同，不要因此而产生受到威胁的想法。听听他们的意见，然后自己拿主意。

如果你习惯于认同周围人的观点，那么，你在有不同的观点时当然会让人望而生畏。所以，等到你准备好了再说出你的观点，还要做好对方感觉自己受到了你的威胁的心理准备。如何处理这个问题取决于你自己，但如果你事先考虑清楚，就会对自己的选择更满意。我想补充一点，如果你尊重别人的观点，对方也会更尊重你的观点，这是理所当然的。不出所料，我观察到，那些尊重别人观点的人，即使有时不认同对方的观点，也比那些不能接受不同观点的人更受欢迎。

你的独立思考不仅仅涉及思想、价值观、政治和宗教。你需要在工作和实际事务中独立思考。如果你和其他人一起工作，当你第一次说“我认为有更好的做事方法”时，你可能会感到害怕。但试一试保持真切的、尊重的和不挑剔的态度，你会发现自己得到了积极的回应。如果你仔细思考过，你的观点很可能是对的，对方也会欣然接受。如果他们说服你，说你的想法并不像你想的那么好，不要往心里去，请独立思考，分析他们的评论，也许他们是对的。所以，为了下一次思想碰撞的成功，请立即磨炼你的思考技能。所有的独立思考者都需要一点勇气——看看伽利略或达尔文。你只需要你的同事的一句“这是个好主意”，下次你就会备受鼓舞地表达自己的想法。

如果你尊重别人的观点，对方也会更尊重你的观点。

法则 003

识别别人的动机

有些人比其他人更有说服力，无论是他们试图向你推销汽车，说服你采纳他们的工作计划，规劝你参加他们的聚会，还是指出塑料袋对环境有害的原因。你需要避免盲目地跟随他们的思路而不动用自己的大脑。

那辆车可能根本不是你需要的，但塑料袋确实对环境有害。所以，如果有人想让你接受他们的信仰或听从他们的建议，你不能仅凭他们的话语就推断出这是不是一个好主意。你必须知道他们为什么要说服你。

你要勤动脑，努力去了解对方想让你相信什么，以及为什么要你相信他们的说法。有时他们劝说你的目的就是想让你做一些事情，比如买一些东西、加入一些组织、同意一些事情、参加一个活动或签署一份请愿书。但也不总是这样。有时他们只是简单地传递一个意见，希望得到你的同意。比如，他们可能想让你认同市政委员会建造一个新的停车场是一件好事。当有人同意你的观点时，这是一种很好的感情纽带，但也许他们根本没有什么其他目的。

一旦你在头脑中清楚地确定了他们想要什么，就更容易决定你是否也有同样的想法。你的朋友告诉你派对会有多棒，因为他们想让你去。他们只是猜测而已。你会同意吗？你想去那里吗？如果是这样，你想去那里是因为那场派对很棒还是因为你想支持你的朋友？一旦你看清了朋友的动机，就会更容易适应他们的说服方法。

当然，无论汽车销售员的动机是什么，那可能是最适合你的车。你不能仅仅因为他们对你的购买有既得利益，就立即拒绝购买。如果这样的话，就没有人买车了。识别别人的动机并不是拒绝别人想法的理由。洞察对方动机的目的是提高自己的警惕性，你要知道你应该在哪里仔细检查他们的推理和判断是否正确。

汽车销售员可能会用他们那富有感染力的热情来宣传这款车有多快，或者后座有多舒服。这让你真的很兴奋，但不要盲目地随大流。这些性能对你来说真的很重要吗？你的同事可能会说服你，让你认为这个展览是接触那些小型工程企业的一种方式。但那些小型工程企业在你的客户中所占的比例到底有多大呢？为什么你的同事如此关心如何达到这些目标呢？只有认识到动机，你才能知道你被灌输的事实有多重要。

识别别人的动机并不是拒绝别人想法的理由。

法则 004

谨防利己的思维方式

暂时先别管别人的动机，你的动机是什么？你能从这样的思考中获得什么？你很容易以一种满足自身利益的方式思考，却没有意识到你正在这样思考。你的思考方式可能会引导你做出一个决定，让你在经济上更富裕，或者让你拥有更高的地位，或者让你生活在一个更好的地方。这是我注意到的经常影响政治家的思考方式，他们非常擅长以一种可能让他们连任的方式思考问题。他们中的大多数人很难得出让广大选民感到不舒服的结论。

我们都遇到过一些素食主义者，他们因为自己的道德观念而停止吃肉，当他们发现自己多么想念肉的时候，他们会设法纠正自己的道德观念。不，我没挑毛病，我也是他们中的一员。解决这个问题的方法不一定是重新回归素食主义，只是要更诚实地面对你不吃素食的原因。

然而，利己的思维方式并不总是那么具体。最近我和一个人聊天，他申请了一份他非常想要的工作，但没有被录用。他征求了面试官的反馈意见，一开始他听取了意见。但经过一段时间的思考之后，他慢慢地意识到，那些反馈意见是不公平的，面试官没有看到他的优点，这是面试官的错。事实上，正如人们所知，面试官寻找他们想要的高品质人才是无可厚非的，而求职者有责任主动展示这些品质。但这个家伙想把他没得到工作的责任推给面试官，因为这样可以安抚自己的自尊心，所以他就这样思考问题，自负地认为自己就是最佳人选。当然，这样思考的问题是，他没有在这次求职失败中吸取教训，为下一次面试做准备，所以，他不太可能得到他申请的下一份工作。

虽然你不总是喜欢这样，但你必须对自己诚实。如果失败的面试者想要脚踏实地地思考问题，就必须接受这样的事实：要么他不适合这份工作，要么他没有展示出相关才华。

自尊是让我们为了达到目的而扭曲思维的一个重要因素。嫉妒是另一个因素，通常与自尊有关。你倾向于认为你的同事得到利润丰厚的大单子是因为老板喜欢他们，而不是因为他们处理事情的能力确实比你强。同样，如果你沿着这个思路思考下去，下次抢单的时候，你照样会与大单子失之交臂，因为你的思考方式阻碍了你认识到改进的必要性。

如果你倾向于取悦他人，这就为你掩盖自己的想法打开了巨大的空间。我们大多数人都想取悦至少一部分人。如果你认为老板更希望你同意他的观点，或者如果你与他的观点相同，你就能更好地融入他的朋友圈，那么你就有动机在深思熟虑之前修正你的结论，然后重新调整你的思考过程以适应他。这样的你很适合与人相处（至少你自己喜欢迎合别人），但不适合成为一个独立的思考者。

自尊是让我们为了达到目的

而扭曲思维的一个重要因素。

法则 005

别让别人拨乱了你的心弦

如果你真的想抵制别人的操纵，并独立思考，那你很有必要去警惕他们试图影响你的方式。如果你能发现他人的意图，就会更容易抵制别人的操纵。所以，下次有人试图劝说、说服或哄骗你接受他们的观点时，想想他们使用的计谋和策略。一般来说，他们会利用情绪而不是逻辑。作为一个思路清晰的思考者，你的工作就是抵制别人的操纵。

从对方的角度来看，同理心是一个很好的起点。如果有人能让你相信你们的感觉是一样的，那么想要达成一致似乎就简单多了。所以，一个天生的说客会试图让你相信你们的观点是一致的。他会强调你们的处境或价值观的相似之处。他会告诉你，他知道养孩子、打工、付房租是多么艰难，买衣服、养猫是多么惬意。共同的经历把你们放在同一个地方，所以现在他可以“牵着你的手”，引导你得出他已经选择的结论。听取他的意见，但不要让他盲目地引导你。质疑对方选择的路线和目的地，确保这真的是你想去的地方。

如果对方想让你投入感情，他们就会努力推动你的情绪。首先，情绪是一种强大的力量，所以他们会想让你对他们反对的不公正感到愤怒，或者对他们想卖给你的衣服感到兴奋，或者对你超支的想法感到焦虑。其次，一旦你开始变得情绪化，你就很难理性思考。因此，他们越能激发你的情绪，你就越无法对他们所说的话做出理性判断。你的目标是抵制情绪反应。这样你的思考就会保持理性和分寸。你会更好地判断他们的观点的合理程度。

还有一个常用的操纵策略，那就是使用带有感情色彩的词汇。这可能更加隐蔽和微妙，并倾向于在无意识的层面上起作用。我们都这样做（是的，你也一样）。明智的做法是在自己身上认识到这一点。大多数事情都有多种描述方式，而你使用的形容词可能很有影响力。假设你在两份报纸上读到对同一个政治家的描述。如果这两种报道来自政治倾向中的两个极端，他们倾向于用不同感情色彩的词来描述政治派别。有人说他们勇敢，有人说他们鲁莽——这两种描述的是同一件事，但给人的印象截然不同。这个政治家是坚定的还是强硬的？他的社会意识是清晰的还是模糊的？这些词的不同选择可能符合不同受众（或报纸），但都可以建立一个有说服力的画面。我一直对媒体如何决定谁是恐怖分子、谁是反叛者、谁是自由战士、谁是抵抗力量很感兴趣。通常，这两类词之间的唯一区别是使用者希望你回应的方式不同。所以，注意别人的选词，用你知道的中性词来代替，这样你就能想得更清楚。

记住，当你想说服别人时，你会有意无意地使用同样的技巧。所以，并不是每个试图让你接受其思考方式的人都是在故意操纵或欺骗你。不管你是否同意对方，对方都有权利坚持自己的观点，也有权利表达自己的观点。当然，只要你自己理性地思考过，就有权决定是接受还是抵制。

如果你能发现他人的意图，
就会更容易抵制别人的操纵。

法则 006

善于思考不盲从

如果你相信到目前为止我告诉你的一切，仅仅因为它是白纸黑字写下来的，那么再想想吧。是的，我相信这一切，但你应该自己好好想想。你怎么知道你可以信任我？你从没见过我，也不知道我是谁，甚至不知道我长什么样。我出了书不代表我什么都懂。

听着，你不可能一辈子都不相信任何人，但过分相信别人也没有好处。无论哪种方式，避免陷得太深的最好办法就是独立思考。因此，感谢你购买（或借用）我的书，请随时阅读。我希望你会发现，当你在阅读时认真思考，那么我的书会对你产生足够的影响，你不会认为你的时间或金钱是浪费的。但不要因为我写过书就相信我写的每件事。

我已经谈过识别别人是不是在怂恿你放弃自己的思考方式而采用他们的思考方式的方法，但总会有人想出聪明的新策略，或者那些非常了解你的人可以本能地发现你的弱点。问题是，如果你能自己做决定，就不需要完全听信别人。没关系，因为你的决定权不在他们手里，而在你自己手里。当然，在其他情况下，信任可能是一个问题。但涉及说服时，独立思考是避开盲目信任的王牌。

避免上当受骗的一个方法是总给自己时间去思考，因为思考可能会解决问题。永远不要让任何人强迫你快速做出你不满意的决定。如果有人给你施加压力，就表明他们担心你正在思考，可能会因此改变主意。你知道那些“单日特价优惠”的告示——今天在这里签名认购，你就可以得到一个大大的折扣或免费的东西。我的绝对原则是从不相信这种告示，我也很少相信“如果我明天回到那里，那个告示就不在了”的说法。

我从来不相信便宜货，除非我想清楚了。如果我无论如何都想要这个东西，那么它的价格如此合理只是一个额外的好处。如果我不是真的想要这个东西，即使只花几便士，那也是在浪费钱。

哦，还有一件事需要考虑……虽然慈善事业在很大程度上是有意义的事业，但涉及从你身上赚钱时，你真的需要掌握本书中的每一个思考技巧。慈善事业的武器还包括罪恶感，无论是公开的还是隐含的，都会让你怀疑自己的德商。现在，我是慈善事业的坚定支持者，但我每年就只有那么多钱可以捐给慈善机构。所以，想想你真正想要支持的慈善事业是什么——保护野生动物、支持退伍军人、关爱老年人、关注孩子、爱护环境——直接给钱，无论是定期捐款还是偶尔捐款都无妨。不要因为有人在你面前晃了晃钱罐子，让你感到内疚，你就把钱给了某个慈善机构。如果只是一把零钱的小额捐款，那就走开，考虑一下要不要支持。你可以随时在网上捐款，也可以明天再来。如果你觉得这太苛刻了，没问题。至少你在思考。

不要因为我写过书就相信我写的每件事。

第二章

韧性思考

健康思维的绝对基础之一就是韧性。而韧性是我们人类的天性之一，我们或多或少都有那么一点儿韧性，但有些人会比别人更有韧性。庆幸的是，你可以训练你的大脑以正确的方式思考来提升你的韧性。

让我们来界定一下什么是韧性。你的韧性越强，就能更快更好地从任何不好的、消极的、创伤性的事情中恢复过来。我们大多数人都能接受错过公共汽车的事实，但并不是每个人都能从丧亲之痛、虐待、裁员或重病中恢复良好。有一些人会在这些方面比其他人应对得更好。那么，他们要做什么才能面对生活中的悲剧呢？

韧性强大的人对自己有更强的信心，他们有能力控制自己的生活，也坚信自己会及时克服困难。

根据我的经验，最能应付灾难的人通常也是平日里最能应付错过公共汽车等这种小事的人。这个结论很有用，因为这意味着你可以在每次错过公共汽车、食物烧焦、患重感冒或买不起你喜欢的新衣服时练习韧性。一旦你相信自己能处理好小事情，当大事情来临时，你就更容易相信自己有能力处理好大事情。所以，让我们来看看哪些思考方式能让你成为一个更有韧性的人。

法则 007

身份有正解，你的角色你做主

我的一个朋友被诊断出患有一种非常严重的疾病。当然，一直有人问她过得怎么样，治疗过程中发生了什么，她能做什么、不能做什么，别人该如何帮助她。她觉得这很令人沮丧，最后她给每个人发了一封电子邮件，说她非常感谢他们的关心和提供的帮助，但她不想谈论这件事了，请见谅。她向我解释说，并不是她真的介意谈论这种疾病本身，而是她觉得别人把她的身份和她的疾病混为一谈了。

我的这位特别的朋友有着惊人的韧性，她本能地认识到，为了接受诊断结果，她必须把她的疾病与她的身份分开。她必须继续做生病前的那个人，对她来说，这意味着不让别人谈论这件事。她不想让她的朋友只看到她的病，因为——更重要的是——她也不想以同样的方式看待自己。她在生活中有几个重要的角色，分别是职场女性、母亲、伴侣、朋友，这些都是她喜欢的，也是她为自己创造的角色。所以这些就是她想让人们在想起她时看到的东西。她在自己周围划定这些界限，将自己的身份与疾病的症状分开了。

这是保持韧性，应对压力，使自己克服困难的关键。我们很多人都混淆了自己的本身和自己的问题之间的界限。一旦你意识到这让你更难应对，你就可以专注于从不同的角度思考自己所处的情境。你不必采用我朋友的策略，禁止人们谈论她的疾病，但这对某些人来说是一个有用的策略。一位丈夫去世的朋友拒绝使用“寡妇”这个词，因为“寡妇”描述的是她的处境，而不是她的身份。

当你面对严重的疾病或丧亲之痛时，这是至关重要的态度；当你的自尊受到严重打击，你很容易将其视为某种否定时，这也是至关重要的态度。例如，裁员或者关系破裂。如果你认为这些是对你的一切的直接批评，那么你就会质疑自己的身份，以及你作为一个人的价值。裁员可能与你作为一名员工的价值没有任何关系。真没必要将你的某些遭遇归咎于你本人，这无异于在自信的大门前竖起了一座难以攀登的山峰。找一份新工作已经够你忙的了，就不要再为自己以前的失败而感到额外的压力了。

恋爱关系破裂或者没有找到你想要的工作，都不能反映出你的整个自我。想想那些与失败的往事无关的方面——你的余生，你的朋友，你的价值观，你的技能，你的优势。你和你的伴侣分手了，并不意味着你是一个失败者，只是意味着这段关系没有继续下去。是的，我知道有时你很难看到这一点，但你必须不断提醒自己，你还是原来的那个你，这只是你生活中的一个方面。无论你的关系对你有多重要，它都不是你真正的样子。这种把你自己从烦恼中分离出来的思考方式，将会使你解决问题的难度大大降低。

真没必要将你的某些遭遇归咎于你本人，
这无异于在自信的大门前竖起了
一座难以攀登的山峰。

法则 008

你不必接受所有的支持

我们中有韧性的人更有可能置身于一个良好的支持网络。这可能包括——也可能不包括——专业的帮助，但肯定会有朋友或家人真诚地想帮助你克服你的问题。但这还不够，他们必须相当擅长于此。哦，天哪，有些人即使想帮忙，也总是说错话。在事情进展顺利的时候，无论他们是多么好的朋友，但在困难的时候，你要悄悄地避开他们，让自己的生活更轻松。想想你希望身边有哪些朋友，不希望身边有哪些朋友。

想想你需要什么样的帮助。朋友的支持不是你拍马屁就能得到的。如果朋友的帮助并没有益处，你不必接受。你要处理的事情已经够多了，不必仅仅因为那些出于好意的帮助而吸收负面信息。你不必当面告诉对方“我不需要你所谓的帮助”。你可以在情况好转前礼貌地拒绝面谈的邀请，或者一开始就不告诉他们相关情况，这是我用过很多次的策略。有些问题很棘手，但有些问题很容易解决。如果你没有得到某个职位，而他们的劝慰会让你感觉更糟，那么，提前考虑一下，甚至不要告诉他们你申请了这份工作。

当事情变得糟糕时，你会对谁保持更远的距离呢？嗯，你最好避开那些消极的人，那些沉溺于厄运和忧郁的人，那些一直喋喋不休地谈论所有可能让你的问题变得更糟的人（尽管事情可能不会变糟）。你希望身边都是积极向上的人。

你不希望他们过于积极地告诉你“你的感觉是错误的”。你知道这种人的口头禅：“没事！别担心了！”你想要的是同情，而不是否认。如果有人这样做，你不要难过。

听着，任何让你感觉更糟的人都不是提供良性支持的人。为下次面谈做好心理准备吧。如果他们不能让你感觉好一点，哪怕只有一点点，那是他们的问题，而不是你的问题。

避开那些试图为你解决问题的人。他们要么提供解决方案，要么代表你做决定，要么亲自执行。这对你是没有帮助的，也不会提高你的韧性。它给你的潜意识传达的信息是你不能独立思考或行动。这不是好结果，这正是你想避开的念头。你重视别人的意见，但你要自己做决定，经营自己的人生。

一旦你想清楚需要什么，谁能提供这些，当你陷入困境时，你的身边就会有真正支持你的人。告诉他们你需要什么——你想找人帮忙照顾孩子，减轻压力吗？你只想找个人做你的倾听者吗？你想找人帮你处理棘手的文书工作吗？你想找人给你做些吃的放进冰箱里吗？那些真正想帮你的人——你从支持你的朋友的经历中知道这一点——想要知道帮你的最佳方法。

你要自己做决定，经营自己的人生。

法则
009

学会掌控自己的人生

在解释生活中发生的事情时，“剧中人”大致可分为两大阵营。一种人相信一切都是命运的安排，人们无法改变它；另一种人相信人们有自由意志，可以掌控自己的生活。关于哪种人更好的问题，科学还没有给出明确的结论，但已经确定的是，相信自己能掌控生活的人往往更快乐。

相信自己能掌控人生，对韧性的提升也是至关重要的。除此之外，它会激励你找到应对的方法，或者至少用新的方式来思考你的问题，即使你在表面上无能为力也没关系。你不能让死去的人起死回生，但如果你相信你的想法和决定会影响你处理问题的方式，就更有可能试图找到补救办法。

有些人在患有重大疾病时会严格遵循专业的食疗配方。你可能会认为这看起来像庸医建议的食谱，没有证据表明这样的饮食会有丝毫的疗效（当然，你太礼貌了，不会说出来）。你甚至可能是对的——也可能不对。但这不重要。重要的是，这些人大幅度地控制饮食，也许对疾病没疗效，但可以提高自己的韧性。所以，至少在这个程度上，他们的做法绝对是有益的。

遭遇困境时，除了控制自己的反应，还有其他的办法吗？如果你觉得生活中的一切都是命中注定的，而你对此无能为力，那么，当事情变得糟糕时，你就把自己描绘成了一个受害者。感觉自己是受害者，会让你失去力量，变得无助，这对你的信心和韧性没有任何帮助。

当事情变糟的时候，做点什么吧！如果你不能直接影响事件的发展，那就控制你对事件的反应。换一种方式思考，选择向谁寻求支持以及如何寻求支持。你可以练习正念或瑜伽，或者花些时间散步，总之就是想干什么就干什么。真正有帮助的是你有意识地掌控自己的生活。

显然，如果你能采取一些切实的行动来自助，那就太好了。你的韧性会提高，因为你在掌控自己的人生。所以，你可以找另一份工作，或者提出投诉，或者寻求专业的建议，或者改变你的饮食习惯。去做你能想到的对你有益的任何事情！这是一种双重奖励，因为你的行为和你接受自己的事实都对你有好处。你可以随心所欲地发挥创造力。如果你认为把浴室涂成蓝色会让你感觉更平静，那就把它涂成蓝色吧。我认识一个人，他一直苦苦挣扎，因为他讨厌现在的工作。庆幸的是，他在变得更痛苦之前就离职了。他不能马上找到工作，但他没有自怜，而是利用这段时间写了他一直向自己承诺要写的东西。他再也不用找另一份工作了，因为他的写作事业腾飞了。

相信自己能掌控生活的人往往更快乐。

法则 010

从韧性到弹性，变通不可少

为什么工程师用钢而不是铁作为建筑物的结构框架？毕竟，铁真的很坚固。那是因为钢有一个关键的优势——柔韧性。的确，在大风中站在摇晃的高楼的顶端会让人感到相当不安，而事实上，正是这种摇晃才使钢不会断裂。你看，钢是有韧性的。

用科学术语来解释，材料的刚性是指恢复形状的能力，也就是弹性。同理，我们也需要一定程度的弹性来帮助我们在逆境或风暴面前自我恢复。

当受到生活风暴的冲击时，你必须有所付出。你可能认为，立场坚定、不让步是最好的方法，但如果行不通，你的恢复能力就会受到影响。假设你下定决心买一栋房子。多年来，你一直在为首付攒钱，并且已经找到了理想的房子，你的开价也被接受了，你已经开始在脑子里规划了一切——你将如何使用每个房间，你的家具将放在哪里，你将如何装饰这个房子。可是，交易最终失败了，也许是因为交易链断了，或者卖家退出了，或者你遭遇了临时加价。

你如何应对由此带来的影响将取决于你的韧性。几乎每个人在此事面前都会觉得压力很大。但是，你能承受多大的压力？你多久才能恢复？如果你无法接受除了那栋房子的其他房子，那么你的压力会更大，你需要花更长的时间来克服压力，而如果你足够灵活，意识到还有其他选择的话，那就不同了。不管怎样，你无法得到这栋理想的房子。唯一的区别是你如何适应这个想法。你的思维越灵活，你就会越早出去找新房子；对新房子越感到兴奋，你就会越早找到漂亮的新房子并最终安顿下来。

这是一个你可以在小问题上经常练习的技巧，这些小问题是令人沮丧的，但不是毁灭性的。你计划和朋友出去吃一顿美餐，却在最后一刻发现你想去的餐馆已经关门了。你会不高兴吗？或者你会想“嘿，朋友相聚最重要，我们去别的地方吃饭吧，或者待在家里，或者去看电影吧”。下次当你想要的东西卖光了，或者你错过了火车，或者你在度假的时候生病了，灵活地思考并做好适应的准备。你又有什么可失去的？如果你能稍微修改一下你的人生剧本，从容应对小小的挫折，那么，当生活中的重头戏来临时，你就能更好地应对同样的挫折。

材料的刚性是指恢复形状的能力，也就是弹性。

法则 011

跟自己谈谈心

不管你遇到了多么糟糕的经历，总能从中吸取教训。如果你不吸取经验，下次在遇到同样糟糕的事情时也不会变好。我与一个伴侣刚刚去世的朋友聊过。她的生活很艰难，15 岁就失去了母亲。她告诉我，她对这个问题处理得很糟糕，很长一段时间都很混乱。所以，这次她不会再犯同样的错误了。换句话说，她学会了变通。

想想你过去生活中那些糟糕的事情，并反思你的处理方式。当新的创伤出现时，想想你要如何应对。如果你一直用同样的方法处理每件事，你会一直得到相同的结果。所以，停下来，尝试一些新的东西。想想过去哪些是有效的、哪些是无效的，以及你可以如何改变。

你上次是不是把事情憋在心里想自己解决？好吧，如果这不起作用的话，我建议你换个新方法，比如，和别人谈谈以寻求支持。你全身心地投入工作了吗？这有用吗？如果没用，那就没有必要重复了。

这不仅与你的应对机制有关，也与实际情况有关。如果你与某人的关系正在破裂，你能从过去的经验中吸取什么教训呢？你应该多说话吗？不要总是大声嚷嚷吗？不要每天晚上都工作到这么晚吗？如果你的大孩子进入青春期，你与他发生了严重冲突，你是否可以尝试对你的下一个孩子采取不同的策略？如果你不改变育儿策略，你就很有可能再次遇到同样的问题。我的一个朋友总是对她的孩子大喊大叫，因为他们懒洋洋地躺在地板上看电视，而不是规规矩矩地坐在椅子上观看。一天，她的儿子问她为什么不能躺着看电视，这让她陷入了沉思。她想了一会儿，意识到自己想不出任何理由——她只是在重复她的父母告诉她的话。于是，她笑着告诉孩子他是对的，许可他躺着看电视。这是一件小事，但却极大地改善了亲子关系。

当我 20 多岁的时候，我的一个 60 多岁的朋友告诉我："你不会随着年龄的增长而停止犯错误，但你会发现自己在一直犯新的错误。"他说，他越来越频繁地琢磨着："啊，我以前试过这个办法，但没什么效果，所以这次我要试试别的方法。"新的方法有时会奏效，即使没什么作用，至少也很有趣。令人沮丧的是，我认识的许多人不会随着年龄的增长而变得有勇气去尝试新方法，因为事实上，他们只是不断地重复着同样的错误，纳闷为什么事情似乎永远没有好转。

跟自己谈谈心。了解你的弱点，知道什么能帮助你，知道你能轻易处理哪些事情或无法轻易处理哪些事情，知道你容易产生哪些潜在的负面情绪。你越了解自己的心理，就越能准备好面对困难，并迅速恢复过来。

你越了解自己的心理，就越能准备好面对困难。

法则
012

接受现实

当我得了重感冒或讨厌的传染病时，我承认自己有点倾向于破罐子破摔，甩一句“该怎样就怎样吧”[1]就完事。这显然是消极的。然而，我真的必须学会停止这样说。不是因为这句话激怒了别人，而是因为它让我感觉更糟（尽管有人告诉我，这是另一码事）。每次我甩下这句话，它都提醒我自己是多么消极。

我的岳母是一个非常坚韧的人，她采取了相反的做法。当我问她感冒怎么样时，我听到她的回答是：“什么感冒？”她会坚持说她很好。这里最值得注意的事情，也是我必须改变习惯的原因是，她对感冒的应对能力比我强得多。她要么完全无视感冒，要么告诉任何问她的人她很好。这是她的心里话，所以，这就是她的内心感受。

这是一种可以建立韧性的接受能力。面对感冒，她比我坚韧

---

[1] 有人说，我这样说是因为我只是轻微的鼻塞，但我否认这一点。

得多。我承认，这是我的弱点。当你面对比普通感冒更大的挑战时，那就更需要坚韧了。接受现实并不意味着放弃努力。

这并不是说我的岳母从不买一盒纸巾或给自己做一杯热蜂蜜柠檬饮料。她会做些事情来帮助自己。但如果她的柠檬用光了也无关紧要，因为她告诉自己，她根本不需要柠檬。重要的是，她接受了自己感冒的事实，做了她能做的，并放下了其他的。谩骂、咕哝、打架、发牢骚都无济于事。感冒会一直存在，直到自愈。她接受了这一点。

你首先要认识到挑战，才能想办法去应对。如果你的内心总是试图改变不可避免的事情，对抗不可战胜的事情，你就会被困在那里。如果你感冒了，那就会难受；如果你患有严重得多的疾病，那就会痛苦。当然，你要尽可能地改变一些事情，但很多不好的事情是无法改变的。这是不可避免的遭遇，或者痛苦已随风而去。在这种情况下，在进入下一个阶段之前，你迟早要接受这些事实。有一件事是你可以控制的，那就是你要多久才能接受现实。我经常想起奥玛珈音（Omar Khayyam）的《鲁拜集》（*The Rubaiyat*）中的几句话：

> 你移动手指沙沙写字，字已落纸，
> 耗尽虔诚和才智也删不去半行文字，
> 任凭你泪眼婆娑，也抹不去一个单词。

我想，你可能会感到令人沮丧，但我一直觉得这很让人安心，因为我确信这是有意为之的。这是浪费精力的斗争，所以，你不妨移动你的手指，头也不回地写下去。

接受现实并不意味着放弃努力。

法则

013

偶尔转移一下注意力

当你经历艰难时期时，人们会告诉你不要老想着这件事。他们的想法是，事情本身已经够糟糕的了，不要一直把注意力集中在这件事上。如果你的思考不能改变任何糟糕的事情，那就最好转移注意力。

这条法则隐含着很多道理。当你沉浸在痛苦中时，你很难保持积极向上的心态。明智的做法是暂时不去想伤心事，呼吸点新鲜空气，或者和朋友待在一起。你想把你正在承受的压力降到最低，所以，任何减压活动都会有所帮助。

不过，这里有一点需要注意：让自己休息一下是可以的，但不要和你的麻烦玩捉迷藏游戏。如果你试图远离所有你遇到的麻烦，就只会堆积压力留给未来。轻微的否认可以发挥一点效果，我还常常认为否认的作用应该再放大一点，但实际上从长远来看，否认对你没有好处。因为只要你拒绝承认，你就无法采用大量帮助提升韧性的思考方式。如果你不承认发生在你身上的事情，就无法反思，无法寻求支持，无法掌控自己的生活，无法拥有自我意识。最重要的是，就像我之前说过的，如果你不承认麻烦的存在，就永远学不会接受麻烦。

如何分辨转移注意力的各类方法的好与坏？与其说是转移注意力的方法和类型，不如说是转移注意力的程度。话虽如此，平时最好避免酗酒、暴饮暴食、危险行为等活动，即便是你需要用这些活动来掩盖自己的感受，也不可以持续过久。看电视或玩电脑游戏是可以的，但只应偶尔为之，而不应该让其持续屏蔽你的思想。

所以，重要的不是你做什么，而是你为什么要这么做。你可以休息一下，但不要选择无益的消遣活动，因为这是不健康的。如果你做不到，至少要意识到这一点，并将其控制在最低限度。我每天早上工作前都会泡一杯茶。这样做只是为了拖延在办公桌前静下心来工作的时间。然而，我有足够的自我意识去发现这一点，这只需要五分钟，无论如何，它有助于保持我的稳定心态。沉溺于短暂的消遣活动并没有什么错。当你为了假装你的生活停滞不前而花了半天的时间去做这些事情时，问题就来了。

你需要花点时间反思一下你的处境，思考你能做些什么来控制你的生活，并接受你无法改变的事情。你要学会勇敢地和自己的思想独处。我不是在命令你，只是希望你能尽快恢复。这是唯一的方法，乍一看可能令人生畏。

不要和你的麻烦玩捉迷藏游戏。

法则 014

喜欢不能包办一切的自己

韧性和自尊之间有很强的相关性。喜欢自己的人能比不喜欢自己的人更好地顺应逆境。因此，你现在所能做的一切建立自尊的事情，将使你在遇到麻烦时更有韧性。

自尊指你相信自己作为一个人有多少价值。这与自信不是一回事，自信更多的是与你感觉自己拥有的技能和能力有关。这是大事，关乎你是否相信自己拥有内在价值。

如果你的自尊心很低，就会把注意力集中在那些你认为是消极的品质上："我是个坏朋友""我总是把事情搞砸""我愚蠢、无聊、没用……"告诉自己"我总是很自私"，是表明自尊心很弱的一个明显信号。如果你在小时候就被灌输了以上任何一种观点，那么你的低自尊就会更加根深蒂固。

我只用寥寥数页文字阐述的理论，不可能立马提升你的自尊。但我希望我能做到。不过，你会注意到"自尊"这个词的含义是值得推敲的。"自尊心"不是衡量你实际价值的标准，只是你看待“自尊”的方式。所以，只有你自己才能提升自己的自尊。

我们这里讨论的是“自尊”的动态范围。你的自尊可能会上升到更高的水平，这很好（你不会希望自尊心太强，因为自尊的极高处就是自恋等痛苦的源泉）。但在合理的范围内，哪怕是提升一点点自尊，也会相应地提高你的韧性。如果你的自尊心很弱，请相信我，这不是你作为一个人的价值的真实反映。你要寻找方法来帮助自己更准确地将你的感知与真相相匹配。

所以，改变你的思考方式。不要拿自己和别人比较，或与你脑海中的自我形象进行比较。你“应该”做自己。所以，不要把注意力集中在你认为自己达不到的标准上。相反，要寻找积极的一面。要有意识地记住你做过的所有积极的事情，无论事情大小，每天都要回顾一次以上。你一直都很善良，你实现了很多目标。拒绝任何消极的想法。如果你走了 4 英里（1 英里 =1.609 千米），就告诉自己“我走了 4 英里”。不要想还有多少英里没走，4 英里已经很好了。

不要看到别人能干，就责备自己不能干同样的事情。如果这件事很重要，就下定决心努力去做（以你自己的速度，而不是别人的速度）。如果这件事不重要，谁在乎别人能做什么呢？我敢打赌，他们做饭不如你，踢足球不如你，整理东西不如你，修理车胎不如你，安慰哭闹的孩子不如你。抓住问题的全貌。如果我们在做每一件事时都与一个能把此事做得很出色的人做比较，我们的自我价值感就会低得令人担忧。但每个人都有自己的能力组合，没有人能包办一切。

最后，和那些会强化你积极想法的人在一起，远离那些倾向于唠叨你不够好的人。因为那些人的观点未必正确，当然也未必对你有帮助。

“自尊心”不是衡量你实际价值的标准，只是你看待“自尊”的方式。

法则
015

常备锦囊妙计，需要时速速开启

当你遇到困难时，有很多应对机制可以帮助你。它们会帮你更轻易地从任何打击中恢复过来。换句话说，它们会让你更有韧性。这正是我们想要的。

如果你刚刚发现你的父亲得了绝症，或者你又流产了，或者你的伴侣赌光了你的积蓄，或者你没有拿到你需要的成绩，或者你的孩子需要做一个大手术，或者你的新老板是个很难搞的人，或者新公司可能不会给你很多学习新技能的好机会，那么有很多技巧——有些我已经讲过，有些我们稍后会讲到——会切实帮你应对上述情况。

这些技巧都是供你在合适的时机使用的锦囊妙计。你会找到适合自己的方法，并在每次错过公共汽车、不得不应对挑剔的母亲或因重感冒而拖拖拉拉不想去上班时练习使用这些方法。

无论事情是好是坏，你都要不断地使用这些新的思维习惯。当你意识到你需要给自己一点帮助来处理事情的时候，你就会使用其他的策略。你需要把这些技能打磨好，整装待发，当事情真的发生时，你就可以毫不费力地使用它们。因为在那些时刻，努力不会轻易到来。

在下一章（健康思考）中有一些新的思考方式，只要你勤加练习，它们将对你非常有用。哦，即使在事情进展顺利的时候，它们也会帮助你，而现在你也能从中受益。还有其他的计策，你需要自己去制定。它们并不难，但有些是在你需要之前就得学习的新技能：瑜伽、运动、冥想、骑自行车、长时间泡澡、和朋友外出、和狗（猫或虎皮鹦鹉）一起玩耍。不是所有的方法都需要训练，但你需要知道哪些方法可以帮助你。如果你的技能不能搞定所有的情绪、天气、时间窗口、地点，那就建立一个更广泛的技能库吧。例如，如果你所有的应对策略都要求你待在家里，那就想一个你可以在工作时养成的有用习惯。

仅仅准备好这些个性化的锦囊妙计是不够的。你必须知道什么时候部署这些策略。你必须养成这样的习惯："今天很难熬，我想去跑步减压"或者"我感觉有点儿不知所措，我要在孩子们睡觉的时候冥想 20 分钟让自己静下来"。你要知道你的锦囊妙计是什么、什么时候需要、什么时候有用。

你需要把这些技能打磨好，整装待发。

法则 016

记录是整理思绪的好方法

在危机中，你经常发现你的脑袋里塞满了各种想法、感觉和压力。你不知道从哪里开始应对，因为你的思维混乱、思绪翻腾，以至于你无法捕捉自己的想法。你越发变得不知所措了。

在这一点上，你能做的最有帮助的事情就是把你的想法从你的脑海里“抓”出来，写在纸上。研究表明，能够做到这一点的人在事后感觉压力较小。换句话说，他们可以更快地从创伤中恢复过来。

你要应对的一部分问题就是你无法让你的思想保持静止。但你的想法可以停留在纸面上。无论你是一次性挥霍，还是想重新整理，一旦你把这些想法和感受安全地记录在别处，它们就不会留在你脑海中而挥之不去。你不需要把它们展示给任何人，当然，要不要展示，这取决于你自己。

也许有些事你不想忘记。你可以写下逝者身上你所爱的一切，每当你想到新的事项，就继续添加吧。这样，你就不用担心时间会让你忘记重要的事情。

如果你的问题似乎是别人造成的，就可以给他们写封信——也许是没有提拔你的老板，或者是离开你的伴侣。我并不是说一定要把这封信寄出去（这完全是另一回事），但是，把你的感受写在纸上可以起到巨大的宣泄作用。我总是建议把这些写在纸上，因为电子邮件很危险——我们很容易在不经意间点击“发送”，然后就只剩下后悔了。用传统的方式写在纸上要好得多。然后，等待至少 24 小时再重新阅读。这样，如果你仍然觉得有必要，那就把信发出去吧。如果你不确定，就再等 24 小时。你在写下问题之前，想一想会发生什么、对你有什么帮助。如果从长远来看，这样做不会让你感觉更好，那么发出去就没有意义了。

有很多方法可以让你的想法更加清晰地展现在纸上。对一些人来说，写诗可以帮他们整理思绪。对于更普遍的问题，有更实际的方法来让你的思维保持有序。如果你有重大的财务问题，也许预算电子表格会帮助你以一种更直观的方式看到你为钱犯愁的现状，这可能会帮助你重新把控消费额度。

如果你被工作或家庭的需求淹没了，不能正常思考，列个清单也没什么错。只要你愿意，可以列出几个清单。你解放了你的思想，因为你把你的想法从大脑中取了出来，放在了别处，让你的大脑安全地丢弃了纷乱的思绪。你所需要的只是少一些思绪翻腾，而你已经成功搞定了这一切。

你解放了你的思想，
因为你把你的想法从大脑中取了出来。

法则 017

自责无用，放自己一马

我们先做两道测试题：

1. 你邀请了几个人来家里吃饭。你花了很多精力做了一道复杂的菜。不幸的是，这道菜在烤箱里烤得太久了。结果还好，但不如你计划的那么好。你认为：

A. 谁在乎呢？朋友相聚最重要，他们玩得很开心就好

B. 我应该设置一个计时器。下次招待朋友之前，我应该先练习一下烹饪

C. 我不擅长烹饪。我不知道我为什么要这么如此费心地做饭

2. 你申请了一份新工作，却没有得到。你认为：

A. 真遗憾，但我会找到别的工作。我会得到一些反馈意见，下次申请工作时，我会注意的

B. 这是我自己的错，我把面试搞砸了。下次找工作，我会做一些功课，好好地研究一下公司情况

C. 我只是不够好，不能胜任这份工作

我想你能明白我的意思。如果你选择 A 项，说明你很有韧性，并且认识到生活不是处处完美，这并不一定是你的错。你不是放弃，也不是懒惰，只是比较现实。

选择 B 项的你就没那么宽容了。但关键是，你只是在为这件具体的事情批评自己。你给自己设定了可以实现的目标，为下一次做准备。

如果你选择 C 项，说明你只是遭遇了一次挫折，却将其视为对你作为厨师、雇员或其他任何身份的整个自我的谴责。你用它来强化你的不足感和失败感。你只是把食物烤得太久了；你根本不知道这份工作的竞争对手有多优秀呀。

坚韧的人知道如何善待自己。这并不是让你摆脱困境，而是让你明白自我批评是没有用的。认识到自己错在哪里（如果你真的错了），只是为下次提供了一个实用的指导。这不是你自责的理由。B 项中的内容有一点儿像毫无帮助的自责（“我应该”“我的错”），但至少它只与问题中的错误有关，我们都偶尔会犯这样的错误。

如果你倾向于 C 项的思考方式，那么，在你转向 A 项之前，你可以以 B 项为目标[㊀]。听着，有时候（或通常）“足够好”就是最佳状态了。我们不可能在每件事上都很出色，也无须事事都尝试。想想那样会让别人多难受。

你可以看到，如果每一个小小的挫折都打击了你对自己的整

㊀ 如果你发现自己有 C 项中的想法，也不要自责。

体认知，那么，你将更难恢复过来。如果你相信每个挫折都是独立的，其负面影响就不会在你的整个自我意识中扩散。当事情没有按照你的意愿发展时，请原谅自己，并认识到这与你本人没有任何关系。

有时候（或通常）“足够好”
就是最佳状态了。

第三章

健康思考

我们的思想和感觉本质上是相通的。如果你想感觉良好、快乐、放松，还觉得自己很能干，那就必须采用正确的思维模式。这是大多数心理健康疗法的基础。是的，你可以采用药物和其他疗法，但更有益的方法是学习如何思考。

某些艰难的生活使健康思考的过程变得举步维艰。但如果以有益的方式思考，所有人都会感觉更好。这在很大程度上是关于思维习惯和思维模式的研究，将确保你的日常生活美好如初。

本章的最后一部分关注的是建立韧性所必需的思考方式，这样，当情感创伤来袭并使我们陷入困境时，我们可以更快地恢复过来。当然，如果你遵循这些法则，就会拥有健康的态度，让你在关键时刻获得助力。你要一直保持健康的情绪状态。你认识的那些看起来总是冷静、随和、快乐的人就是遵循健康思考法则的人。当然，我们中的一些人天生就思想健康，而另一些人则需要努力一点，但这些健康思考法则让所有人都能拥有强大的健康心理和积极的人生观。

法则 018

自怜无效，何不假装快乐

我们都认识一些人，他们的“默认设置”是快乐的。这并不是说他们的生活显然比其他人更幸福。这完全取决于他们的生活态度。事实上，如果你去世界上一些最贫穷或饱受战争蹂躏的地方，仍然可以找到那些积极乐观的人。他们都能做到苦中作乐，我们为什么不能？

这个问题的答案是，积极的心态与我们所处的环境无关，而是与我们的思考方式有关。当然，最积极的人也有不太高兴的时候，但他们仍然比没有积极态度的人更会应对消极状况。我见过几位在结婚几十年后失去了配偶的老人。这种事总是令人非常悲伤，对他们来说，这几乎是他们所能想象的最痛苦的事情。如果他们因此陷入了永远无法摆脱的深度抑郁，会怎样呢？事实上，他们中的一些人患上抑郁症也是可以理解的。

看看这些丧偶的人是如何避免在痛苦中度过余生的，这很有启发意义。答案就在于他们选择的思考方式。他们也有痛苦、流泪的时候，当然，刚失去心爱之人时，他们悲痛万分。但他们会告诉自己，他们是多么幸运。他们会提醒自己和伴侣在一起的时间有多长，他们一起生下了多么棒的孩子，他们度过了多么美好的时光。正是这种心态让他们能够独自面对以后的生活。

你的想法会影响你的感受。乍一看可能不是这样，但这些积极的想法是一种肯定，随着时间的推移，你的感觉会适应这些想法。你要继续寻找积极的一面，总把杯子看成是“半满的”，努力找到一线希望并投入关注。没有人会假装看不到杯子空了的那一半，我们知道那是“半空的”，但你不必纠结于此。

这意味着你要拒绝“自怜”。是的，自怜就是你纠结于“半空的”杯子，如果你一直这样想，当然会感觉很糟糕。我知道人们很容易沉湎于消极的事情中，比如，你失去了一生的伴侣，或者只是感觉有点儿不适。但是，一旦你屈服于消极情绪，你就已经让“半空的”杯子占据了情绪的主导地位，你将不得不更加努力地重新关注积极的一面。

不自怜的人比自怜的人更快乐。就是这么简单。你想加入哪个阵营？

我并不是建议你永远不要让自己对任何事情感到不安。那样不是很好吗？是很好，但不现实。这个想法不是要否认你正在经历的事情，拒绝承认你的负面情绪，那也不是健康的心态。你需要承认它们，允许自己感到沮丧、愤怒或痛苦，然后考虑积极的原因：“缺钱是令人沮丧的，但至少我有足够的钱付房租。”人生艰难，生活不易，但我们要关注效率，而不是追求公平或安逸。

不自怜的人比自怜的人更快乐。

法则 019

关注他人，让你的自我感觉良好

在某种程度上，这条法则是上一条法则的延续，因为避免自怜的方法之一就是不要过多地考虑自己的问题。不要坐在家里闷闷不乐，走出去看看，再想想别人的困难。

我们都有朋友和熟人正在经历艰难时期。想想你能提供什么帮助，他们可能需要什么支持。他们可能需要真正的支持，也可能只需一双善于倾听的耳朵。你可以开车送他们去医院，帮他们买东西，帮他们写简历，帮他们照看一天孩子，帮他们写报告。或者他们可能只是喜欢每周打个电话，谈谈自己的难处，或者晚上出去玩玩，放松一下心情。

这对你来说是一个分散注意力的好机会，对他们来说是一个很大的支持，而且远远不止于此。当你帮助别人的时候，你也会重新审视自己的麻烦，让你的自我感觉良好。这会帮你建立自尊，因为你觉得自己是有价值的，随着时间的推移，让你感觉更积极，更好地应对自己的困难。

你并不局限于在自己的朋友圈里寻找需要支持的人。很多人在慈善机构或其他组织做志愿者是为了关注他人，真诚地做有用的人，同时让自己感觉良好。如果愿意，几乎所有人都有时间做这件事。你可能不得不放弃定期去健身房，或者偶尔和朋友出去玩，或者偶尔在家看电视的机会。我们都可以告诉自己我们没有空闲时间，但那通常是因为我们选择了把自己的行程填满。你可以选择如何安排自己的时间，可以放弃一件事来为另一件事腾出空间。你必须明白，从长远来看，哪一种选择会让你更快乐。

如果你决定这样做（我真的建议你这样做），就可以放弃任何东西，从每周一个小时到你想放弃的任何时间。你可以选择一个责任不大的角色，或者选择一个责任很大的角色。你可以每周花一个小时在当地的体育俱乐部帮忙，或者每年花几天时间做学校的管理者。你可以组织一次旧货义卖，或者只是帮忙经营一个摊位。你甚至可以找到一个只在一年中的特定时间帮忙的角色，比如在当地的半程马拉松或老年人的家庭圣诞派对上做志愿者。越以人为本，效果就越好。你可以花时间在家里为一项慈善事业填装宣传册信封，但为了充分利用志愿服务的好处，你还需要与你所支持的人互动。

记住，这对你的帮助和对他们的帮助一样多，这是双赢。这样做会让你走出自我，给你一个巨大的积极的推动力，然后你就可以将这些好处延续到你的余生。

好了。看到了吗？你已经好久没有考虑自己的问题了。

让你的自我感觉良好。

法则 020

保持正念，活在当下

你倾向于生活在过去、现在还是未来？我们大多数人都倾向于其中一种，它们都有自己的优点和缺点。然而，即使你倾向于生活在现在，也会在大多数时候无意识地回忆过去和展望未来。

大量研究表明，练习“正念”可以减少焦虑、压力和抑郁。在某种程度上，这是因为你更有可能更快地意识到这些负面情绪并解决掉它们，以免它们在你心里扎根。正念是一种你每天留出一些时间来做的基础练习。然而，最大的好处是——就像其他的思考方式一样——你做得越多，它就越成为一种习惯，直到你把它融入你生活的其他方面，并在必要时随时“溜进溜出”。

基本上，你需要每天留出几分钟的时间。你可以选择相同的时间和地点，也可以改变时间和地点。只要对你有效就好。你的目标是让正念成为一种习惯，所以要记住这一点。正念不需要安静或平和，只要你在整个过程中不与你的环境互动。所以，在公园的长椅上或者去上班的火车上都可以进行正念。如果坐着不动很困难，你可以一边散步一边做正念练习。

初学正念并不容易，但你做得练习越多，它就会变得越容易。专注当下，扮演一个观察者的角色。注意正在发生的事情，同时保持超然心态。注意不要评判别人。注意你的左脚有点不舒服的感觉，注意你的附近有鸟鸣声的意境。注意你的想法，但不要加以评判。

是的，这就是我提到的不容易的部分。你的目标不是像冥想时那样清空大脑，但你也不想陷入到思想和情绪中。我现在就可以告诉你，你会被困住，至少在你达到炉火纯青的境界之前，你会困惑其中。这很正常，但无论何时你发现自己被想法分散了注意力，只要让自己重新观察这些想法，就不会陷入困惑。

这种被你的想法冲昏头脑的倾向恰恰证明了正念的重要性。我们大部分时间都处于这种状态，被我们的思想和感觉所控制，正念是一种很有价值的练习，因为它把潜在的自我从我们的情绪反应中分离出来。

当你练习正念的时候，如果你有很多想法或担忧，只要认真揣摩就可以了。“啊，是的，我有点担心明天的报告。”“嗯，这看起来像是我在社交场合经常担心的事情。”退后一步，认真揣摩自己的想法，但不要沦陷其中，也不要努力修复什么。

退后一步，认真揣摩自己的想法，但不要沦陷其中。

法则 021

有的压力是你自己想出来的

我儿子 16 岁参加普通中等教育证书（GCSE）考试时，我从他那里学到了一条法则，对此我非常感激。这个特别的儿子有着非常悠闲的性格，如果他能看到不那么费力的方法，就不会倾向于过度努力。他会说“省省心吧”（我过去也曾提出过其他描述）。不管怎样，这样做的结果是，他以一种平静、放松的方式面对考试，没有焦虑。他告诉我：“我就是不明白为什么其他人面对考试都感到压力。考试已经够糟糕的了，有压力只会让事情变得更糟。那么，为什么要这样自找麻烦呢？”

我耐心地向他指出，并不是每个人生来都像他那样冷静、随和。我解释说，有些人并没有选择承受压力。这是发生在他们身上的事情，他们无法避免。

不过，儿子的话引起了我的思考。也许他是对的：压力是一种我们可以摒弃的习惯。我看了看周围所有我认识的人，他们要么压力很大，要么特别放松，我想知道我的儿子是否发现了什么。

现在，我是那些间歇性感到压力的人之一。也就是说，我很容易感到压力，可是一旦我克服了压力，我的压力等级就会重置为零，直到下次遇到麻烦时压力再度升级。我没有长期处于潜在压力的状态。我决定亲自尝试一下这个法则。

于是我照做了。从那以后，我几乎没有因为任何事情而感到压力，结果实在太不可思议了。我发现，每当一些令人沮丧、心烦意乱或其他压力诱导的事情发生时，我的大脑就会在没有等待询问的情况下切换到了压力模式。我立刻开始胡思乱想，比如，现在的一切是多么糟糕、所有让我感到压力的事情的不良后果是什么、这样浪费了多少时间，以及现在要解决问题是多么困难。

我的大脑在寻找感到压力的合理理由。这样我就会胡思乱想，比如，我会联想到其他的麻烦事。假设我的账单算错了，我不得不打电话给电力部门的人，这只是整个压力事件中的一个小挫折。我的压力会越来越大，我会想："他们花了 10 分钟才接电话……现在他们让我等着……如果他们不解决这个问题，电力可能会被切断……我得在 20 分钟内出门，我没有时间先处理我的电子邮件……"我还会联想到更多其他的事。真是太折磨人啦！因为这些都是不必要的担忧。有一半的事情甚至还没有发生，也可能不会发生——我只是在设想最坏的情况，然后做出反应，好像它们已经发生了一样。

所以，现在我要停止胡思乱想。如果我能解决这个问题，我就去做。如果我做不到，我就屏蔽掉那些毫无意义的想法。我拒绝思考这些问题，我告诉自己，生活中注定会有小故障，现在就有一个（是不是有点像正念疗法）。没必要因为压力太大而让事情变得更糟。我提醒自己，我不再有压力了。如果需要的话，我的口头禅是“世界上我最爱的人都很好，这才是真正重要的事情”。所以，现在压力（只要我爱的人都还好）已经成为过去式。如果我能做到，你也可以做到。

生活中注定会有小故障，现在就有一个。

法则 022

我们不是不正常，而是与众不同

我有一个朋友每晚只睡 4 个小时。这就是他所需的睡眠时间。他醒来时神清气爽。我知道，有的人会为一点小事大哭，有的人看到热水瓶就怕被烫着。一位女士经营着三家不同的公司，另一位则痴迷于计算。我认识一些人，除非背对着墙坐，否则他们会感到非常不舒服。这些人都是可爱的、快乐的、受欢迎的，和我们一样正常。

人们很容易担心自己是否“应该”或“不应该”采取某种方式。你工作太辛苦了吗？你穿错衣服了吗？口音不对？焦虑太多吗？你是因为自己的怪癖、弱点和反常而变得怪异吗？听着，正是这些东西让人与众不同。真正造就你的是你的与众不同，而不是你所做的和其他人一样的事情。我希望你至少在某些方面有点奇怪、古怪、不寻常。无论是你的兴趣、你的恐惧、你的行为，还是你的野心，都需要别具一格。

我曾服务于当地一所学校的青少年，帮助他们写大学申请，我就是喜欢孩子们的不同之处。他们年龄相仿，上同一所学校，但有人想成为摄影记者，有人想成为生物化学家，还有人想学习哲学、产品设计或法国文学。有些人想要一份可以挣大钱的工作，有些人想要一份可以旅行的工作，还有些人觉得自己正在做着改变世界的工作。他们都是不同的人，真是太好了。

然而，不知何故，我们中有太多人陷入了“我们应该彼此相同”的想法中。这是怎么发生的呢？你认为“与众不同是好事”和“与众不同是坏事”之间的界限在哪里？让我告诉你，没有界限。只要你善待他人，这一切都是可以接受的。当然，在个人层面上，你想要改变任何妨碍你享受生活的特质。不是因为这些特质有什么问题，只是因为它们对你没有帮助。

没有所谓的“正常”，如果有的话，这个世界将是一个乏味的地方。所以，如果你发现自己和别人不一样，那就庆祝一下吧。永远不要告诉自己“我不正常”，除非是为了祝贺自己“与众不同”。我们要往好处想：我们不正常是因为我们不是普通人。任何因为你的不同而评判你的人都不值得你去在意。我知道，如果评判你的是重要的人（你的家人，你的老板），你可能很难忽视他们的评判，但重点是，这是他们的问题，是他们错了。只要不伤害到别人，我们可以成为自己想成为的任何人。

所以，继续前进吧。你可以改变自己的任何部分，只因这部分不适合你，而不是你认为它“不正常”。这对你来说是完全没有必要的压力。你当然“不正常”，你就是你，不一样的烟火。

只要不伤害到别人，

我们可以成为自己想成为的任何人。

法则

023

感觉在左，思考在右，搞定你的情绪

感觉和思考不是一回事，你不必为了证明自己思考的合理性而使你的感觉合理化。你在感到愤怒、悲伤、灰心或沮丧的时候，完全可以不做任何解释。你的感觉总是很好，这是可以的。你针对感觉所做的事情可能并不总是可以接受的——你感到沮丧的事实并不能成为无礼的理由——但沮丧就是事实。那些说“不要那样想，这没有道理”的人，他们自己就没有道理。我听到过这样的话：“冷静点，没必要生气……”但愤怒并不是由逻辑需求驱动的，这只是偶然萌生的感觉。

然而，虽然没有人会期望你为自己的感觉辩护，但实际上，能够理解你的感觉对你自己是有好处的。这不是强制性的，而是有帮助的。如果你能理性地思考你的感觉，就能找到更好的方法来改善你的厌恶感。

第一步是弄清楚你的感觉是什么。我的意思是给你的感觉起个名字。啊，不是“艾瑞克”这样的男孩名，也不是“泡泡”这样的网红名。想想哪个形容词最恰当。尽量说得具体一点，不要只说快乐或悲伤。你感到沮丧还是失望？你感到是恐惧还是焦虑？你是生性暴躁还是被什么人给惹恼了？这样，你不仅能识别你的感觉，还能从这种感觉中解脱出来，这是“正念”所能做到的，它能让你把更深层次的自我从你正在经历的暂时情绪中分离出来。

现在你明白了自己当下的感觉，你能想清楚为什么你会有这种感觉吗？我指的是真正的原因，不一定是显而易见的。例如，你可能会因为你的朋友拒绝了你晚上出去玩的建议而生气，但真正让你心烦的可能是被拒绝的感觉，而不仅仅是错过了去酒吧或看电影的机会。或者还有什么别的原因，我也不知道，这需要你自己想清楚。

像这样理解你的感觉可以帮助你平静下来。这并不是指对你的感觉有任何期望——它们是感觉，感觉也有自己的喜好。但琢磨你的感觉至少会分散你的注意力，并倾向于给它们一些视角。你也可能会注意到自己是否特别容易产生某些情绪。例如，你是否经常注意到自己感到失望、悲观或后悔？

这是有用的信息。如果你有感到失望的倾向，就向你的理性思维暗示你的期望太高了。毕竟，失望就是因为没有达到你的期望而产生的。所以，现在你可以更现实地对待你对别人、对环境或者对任何你注意到的让你失望的事情的期望。

区分感觉和思考的另一个好处是，你更有可能会等到最糟糕的感觉过去了才去做其他事情。感觉可能不是理性的，但行动是可以深思熟虑的。你的思考可以控制你是发一封带着愤怒情绪的电子邮件，还是在电话里对你的母亲大喊大叫，或者在你可以出去玩的时候在家里生闷气。

这不是强制性的，而是有帮助的。

法则 024

学会自嘲，化解压力

健康思考的许多法则都需要你能够做到超脱，可以观察自己的想法和感受。退后一步，从远处审视自己，这样做很棒，能让你正确地看待事物。

许多年前，我在一家慈善机构做志愿者，这家机构的宗旨是倾听那些正经历艰难时刻的人们的心声。关于我从中获得多少生活知识、人们如何应对逆境、我们怎样帮助他人或无意中帮了倒忙的窘境，怎么描述都不为过。

我观察到的一件事是，善于应对逆境的人和有幽默感的人之间存在着高度的相关性。这些人能够嘲笑自己和自己的处境，即便如此，找到任何幽默都应该是件很费力的事。我得出的结论是，要想使用幽默的方式自嘲，你必须退后一步，从远处审视自己。嘿，转眼之间，你便有了超然的姿态和远见。

当然，这本身不会解决你所有问题，但你会惊讶地发现它有多大的帮助。老实说，它可以解决生活中大部分的小问题——因为忘记带伞而被淋湿，或者在你准备上菜的时候意识到自己忘了打开烤箱的开关。如果你正在经历真正的创伤，那么，你是走向崩溃还是振作起来，就要看你的自嘲意愿了。

如果你能通过嘲笑自己或自己的处境，把压力从日常的不幸和烦恼中释放出来，就能使压力水平显著降低。当我没有带伞而被雨淋透，或坐在交通堵塞的车里，或因受到怠慢而沮丧地冲出商店时，我会在脑海中写下这件事的有趣版本。这是我喜欢的策略之一。

我的一个朋友最近讲了一个故事。他的团队（就像他是老板一样）清理了厨房后面的排水管，因为他们发现排水管被油脂块和碎屑堵塞了。现场令人作呕。他们把厨房垃圾放在厨房门外的手推车里，准备处理掉。十分钟后，市政卫生官员突然上门检查。他们不能冒险让检查员发现手推车，所以只好赶在那家伙到厨房之前把手推车偷偷藏起来。我的朋友穿着一套全新的西装，上面沾满了油脂，他推着手推车从厨房窗户的外边走过，而那个检查员正背对着他在厨房里。这在当时一定很令人伤脑筋，但我朋友讲述这个故事的方式让人捧腹大笑。我可以看出，即使事情发生了，他也能看到有趣的一面。对他来说，一个潜在的压力事件实际上是一幕非常有趣的轻喜剧。

要想使用幽默的方式自嘲，你必须退后一步，
从远处审视自己。

法则 025

坚持学习不停息

任何堵塞和停滞的东西都是不健康的，这一点同样适用于你的思想，也适用于其他任何东西。如果你想保持健康，就必须保持活跃，无论是在思想上还是在身体上。这意味着学习新技能，获得新知识，拥有新体验。

如果你不这样做，就会习惯自己现有的生活方式，生活因此变得重复、乏味、无趣。就像丁尼生[㊀]说的："仿佛生命只是呼吸。"我完全理解有些人喜欢一成不变的生活，懒得去环游世界的心态。这也可以，但你依然需要足够的空间来锻炼你的大脑。

人类在挑战中茁壮成长——你，我，每个人。我们可能都喜欢不同的挑战，这很好。你可能喜欢经营一家当地的俱乐部，我可能喜欢做填字游戏，其他人可能对学习西班牙语或访问遥远的

㊀ 摘自丁尼生的诗《尤利西斯》。找到这首诗，并认真阅读。如果它都不能激励你去寻找新的经历、知识和技能，那就没有什么能激励你了。

国家更感兴趣。找到你喜欢做的事情，然后去做。如果能多找几件你喜欢的事情，并且把它们都做了，那就更好了。

请不要陷入新的思维定式。一旦你发现填字游戏很容易，或者你的西班牙语真的很好，就去找一些不同的东西学习。所有这些都会锻炼大脑的不同区域，所以，费点儿心思，把你的爱好组合起来吧。不要只从填字游戏转向数独游戏，要做一些非常不同的事情。组织一个活动，或者学习绘画，或者开创一个小型家庭企业。

如果你对一个建议的反应是“我对此一无所知”或“我以前从未做过”，那么你尝试新事物的理由就成立了。太多的人把这些理由看作是他们说“不”的借口，而这本该是让他们说“是”的鼓励。我们一无所知且以前从未做过的事情正是我们都需要的，否则我们就得永远翻旧账，那毫无意义。

拓展你的知识面和学习新技能同样重要。选择一个你感兴趣的学科，并尽可能地努力学习。你不必成为世界权威（除非你想），但要达到比你的朋友或街上的普通人知道得多的程度并不难。我有很多朋友，他们的知识领域（工作之外）比我认识的其他人都要多：中世纪武器、字体设计、政治史、野花、现代艺术、20 世纪计算机、环保建筑技术等。

人们会打电话给你说：“我想向你讨教一下……”如果有人对这些话题颇有研究，这个人会是你吗？这不是学习的意义，你这样做是为了锻炼大脑，并且保持心智健康。你得到的答案可能会给你一个线索，告诉你在这条道路上你走了多远。很多人从来没有接到过这样的电话或短信。也许他们的专业科目太小众了，别人根本不想知道；或者，也许他们只是从来没有把他们的知识提升到更高的水平。

人类在挑战中茁壮成长——你，我，每个人。

法则 026

最伤心莫过于"知道自己无能"

我不喜欢喋喋不休地谈论心理学理论（我当然不是在抨击它，我只是喜欢坚定地专注于实际操作）。不过，有一个理论可能会对你有帮助。它与你学习一项新技能时的感受有关。它认为学习一项新技能需要以下四个阶段：

1. 无意识的无能[一]：当你甚至没有意识到你不能做某事的时候。例如，在你开始学习开车之前，你根本不知道其中会涉及什么。

2. 有意识的无能：也就是你意识到自己不擅长某件事的阶段。你开始学习开车，发现你不能正确地转向，或者你总是刹车太慢或总是失速。

3. 有意识的能力：你能做到，而且你知道你能做到的阶段。离考试的日子不远了，你陶醉于所有这些新技能，比如紧急停车

[一] 的确，这些理论篇幅冗长，这就是人们远离理论的原因。专家需要尽可能具体地了解事物，所以他们使用最准确的词语来描述事物。但我们大多数人都不喜欢冗长和抽象的词语。

或三点转弯的能力。

4. 无意识的能力：你太擅长了，以至于你自己都没有注意到的阶段。你开了很多年车，几乎不需要思考如何开车，这已成为你的本能。

无论你是在学习开车、烹饪还是电脑编程，这四个阶段都是适用的。它也适用于一些不那么有形的技能，比如学会自嘲、自我意识或变得有条不紊。

我之所以要阐述这一理论，是因为它有助于你在学习过程中进行思考，尽管理论阐述需要用到的冗长且抽象的短语挺招人烦的。你真正需要明白的是这四个阶段中有一个阶段不是很好。哦，你不会享受第二个阶段——有意识的无能。没人能做到。

有意识的无能（我倾向于把它重命名为“你知道自己无能”）阶段是你的信心被粉碎的时候。你会一直专注于自己的错误，认为其他人都比你做得好，可能会怀疑自己是否有能力学习新技能。

这就是我们要记住这条法则的地方。这很正常。这是学习的一部分——无论是一份新工作，为人父母，实践某些法则，拉小提琴，还是学开车。当你开始感到沮丧和无能时，对自己说：“啊哈！法则 26。我应该感觉到了。我是说‘你知道自己无能’。那好吧。我只要坚持下去，过不了多久，就会达到‘你知道你自己很棒’的阶段。”在那之后，你距离“你真棒且你忘记了自己有多棒”只有一步之遥，一切又会变得美好起来。你会有一项新技能牢牢地嵌入你的技能清单里。

它有助于你在学习过程中进行思考。

法则 027

忘记熟能生巧，换个学习方法

我猜，正在阅读这本书的你是那种喜欢学习新技能的人。有了这种态度，你可以从生活中收获更多。请注意，我比别人更喜欢学习一些新东西。几年前我学了一门新的语言，我真的很喜欢。我说得还不够流利，但可以交流，这正是我想要的。这些课程很有趣，尽管一开始我“知道自己无能”，但我可以肯定自己正在稳步提高。

我小时候讨厌学小提琴。这是一个遗憾，我不仅没有看到自己的进步（因为在那些日子里我没有在意自己有没有进步），还厌倦了手臂保持姿势 30 分钟的疼痛，我只渴望每节课快点结束，这样我就可以让手臂休息一下。

“我在学习”这种事儿强调的是“在”字。这是一个持续的过程，不是晃一晃魔法棒就能变出的奇迹。除非你喜欢做这件事，否则你的热情不会持久。你几乎不可能仅仅依靠你对最终结果的设想来支撑自己。经历几个月的痛苦、艰辛、可怕的训练、讨厌的感觉，就为了跑完马拉松？我不这么想。你必须享受跑步，享受挑战，享受创造个人新纪录的感觉，享受更健康的心态，享受跑友们的陪伴。

如果你是为了学习本身而享受学习，那么你不会太在意需要学习多长时间才能达到“你知道自己很棒”的程度，因为在此期间你会享受学习的乐趣。这种积极的心态会帮助你对挫折、症结或时间框架持现实态度。当你不能立即掌控一切时，你也不会感到不满足。忘掉“熟能生巧”吧。你所需要的就是创新与进步。

如果你选择学习某些知识或技能，但不喜欢现有的学习过程，看看你是否能找到一个更有趣的学习方法。

也许是和别人一起上课，也许是选择一天中的不同时间学习，也许是使用一个应用程序帮你，也许是换一个老师，也许是和一个朋友在一起，也许是参加一个速成班。

让学习变得更有趣的另一个方法就是思考你如何进步。不管你是否意识到“你知道自己无能”是正常现象，你仍然想要迈向下一个阶段。所以，在这个阶段监控你的进展情况，回头看看你已经完成了多少，并关注到目前为止你取得的成就有哪些。有些人喜欢以某种方式记录进度日记，所以，如果你认为它可能对你有用，可以尝试一下。重要的是要思考你的学习方法，认识并纠正任何专注于错误的倾向。有些方法只是简单地强调学习要点，仅此而已。在这些事情上纠结不已会让你什么也得不到。你最好细数一下你的成功，不管成功多么微不足道，都值得你认真对待。

这是一个持续的过程，

不是晃一晃魔法棒就能变出的奇迹。

法则 028

关闭脑海里的镜头回放

当你无法停止在脑海中无休止地回想某件事时，你不讨厌这种感觉吗？比如，一个你无法解决的问题，或一种非理性的恐惧，或一种你希望自己能以不同的方式处理的情况，或某人对你说的某些话。无论你多么努力地想要停止回想这些讨厌的事件，你都会一次又一次地回到过去，直到你感觉自己被思想控制，而不是你在控制思想。

这种痴迷或过度思考让人感到非常消极，经常导致压力、焦虑和抑郁。事实上，这种困扰经常与过去那些情况有关，但我们所有人，不管我们的潜在情绪如何，都可能时不时地成为它的牺牲品。它会让你感到身体不适，让你精疲力竭，无法有效地工作。[一]

最令人沮丧的是，由于我们在脑海中反复播放那些事件、担

[一] 想要了解更多这方面的知识，请参阅本书第 10 章“附加法则：冷静思考法则”。

忧或麻烦，我们会越来越专注于问题本身。你应该关注的是它带来的感受。解决你容易焦虑的事实，比解决你对飞行的恐惧而不处理潜在的焦虑要有效得多。即使你成功地理清了你对即将到来的飞行的恐惧感，你仍然没有解决你更广泛的焦虑倾向。它只会在其他地方找到出口。

所以，你需要的是停止沉思。但这也有它自己的问题。如果我说“无论你做什么，都不要想那些小小的、白白的北极熊”，你脑海中浮现的第一个画面是什么？如果你积极地试着不去想一件事，那可能会适得其反。承认这些想法会不时地在你的脑海中掠过，然后决定当它发生时你要做什么，这更容易。准备一个积极的想法来对抗消极的想法。当你发现自己在思考飞行有多恐惧时，想象一下自己在飞机着陆后愉快地走下飞机的场面。如果你一直回想起你的老板把你痛斥一顿的情景，那就回忆一下他曾经表扬过你的事情。

如果你正在回想一个让你不开心的情况或遭遇，想想它所引发的情绪，而不是状况本身。认识到为什么它让你不快乐——你是否感到羞愧、不被欣赏、内疚、失望或不被倾听？现在想想如何处理这种感觉，因为这将使你从状况中走出来，而这不是真正的问题——就像担心源于潜在的焦虑而非内在的担忧一样。

最后，分散自己的注意力也是有帮助的。你不妨试一试，使用分散注意力来打破你头脑中运行这一连串的消极想法的习惯。理想情况下，用一些能产生积极情绪的事情来分散你的注意力，比如跑步、打电话给朋友、玩游戏、看电视或其他任何事情。正念在这里也有帮助，不仅可以转移你的注意力，还可以助你观察自己的思考方式，让你获得一些解脱。

准备一个积极的想法来对抗消极的想法。

法则 029

避开坏习惯

我们的头脑多么喜欢重复的东西呀！因为重复做同样的事的确让人安心。它给你的大脑一种讨喜的安全感。如果你一直重复的事情对你有好处，比如一天刷牙两次或定期锻炼，那绝对没问题。如果这个习惯中规中矩，而且不会妨碍你以后的生活，比如看 10 点的新闻或必须先穿左脚的袜子再穿右脚的袜子，那也没关系。但是，那些对你没有好处，有时还会妨碍你习惯的事情呢？比如，在下午 6 点整吃东西，或者你已经上床了，也知道自己锁门了，但你还是拖着疲惫的身子下床去楼下检查你是否真的锁了前门。

我们都会养成一些让我们后悔的习惯，有些人更容易养成一些干扰性习惯，比如，反复检查自己是否真的锁了前门，或者咬指甲。即使是最普通的习惯，比如每周日洗车，如果你开始觉得不得不这么做，也会变得很烦人。如果这些强迫行为变成了偏执习惯，支配了你的生活，那你需要专业的帮助来摆脱它们。但我们中的许多人倾向于这种行为的温和版本，当我们感到焦虑或担心时，这种行为变得最为顽固。

那是因为，那些让人安心的、有规律的、安全的习惯能让你的头脑平静下来。这正是你的大脑感到混乱时所需要的。但这不一定是你需要的。当我的妻子感到压力或焦虑时，我总能感觉到，因为她会整理壁炉架或货架上的东西[㊀]。收拾东西要比一些反应的干扰性小，但如果你觉得你必须检查房子里所有的门是否关好，或者确保盒子里的茶包数量是偶数，那就更糟糕了。如果你感到焦虑，想让自己平静下来，那么你的大脑就会不断地驱使你养成一些奇怪的小习惯。

当这些习惯挡住你的前行之路时，你该怎么停下来呢？如果你的习惯（甚至是仪式）在你焦虑的时候变得更糟，那么减少你的焦虑显然会减少这些习惯。因此，首先解决你潜在的压力和焦虑显然是一个好主意。

如果你能做到，分散注意力当然是个好办法。如果一开始就难以适应，另一个办法就是用另一个习惯代替这个习惯。用电子烟代替吸烟是一个非常明显的例子。当你的大脑再次要求你重新整理书架时，你可以试着转而去摆正壁炉架，这对你的生活的干扰小得多，因为这样更快。你可能会对这种取代焦虑的新活动感到高兴，或者你可能会决定在一段时间后再次减少旧习惯。用较小的习惯分散自己的注意力，这本身就成了一种习惯。

然而，从现在开始，一旦这些费劲的习惯形成，那就认识到

㊀ 她花了好几年的时间想弄明白我是怎么知道的，最后我不得不向她坦白。

它们，并且避开它们。最容易打破一个习惯的时间是在这个习惯形成之前。所以，当你第一次准备下楼去检查自己是否锁上了前门时，你要及时意识到这个即将形成的习惯，并且立即停止。你可以分散一下注意力，比如唱首歌或洗个澡——做任何最有效的事情，现在就去做。

最容易打破一个习惯的
时间是在这个习惯形成之前。

法则 030

潜意识里的语义学

我们家有一个崇尚完美的人。他发现这让他很难准时完成任务。他总是能发现工作中别人看不到的小瑕疵，即使临近交付期限——或者已经错过了最后期限——也要去修复瑕疵。他喜欢每件作品都绝对完美。我看到了其中的一个内在缺陷，我不得不向他指出：当有人要求完成一项工作时，他们希望它既符合标准又准时完成。所以，准时是完美的组成部分。如果逾期了，整个项目就不符合完美的标准了。

像这样重新定义“完美”，可以让你更容易准时完成任务。一旦你拓宽了完美的定义，它将推动你满足你对“完美”的新理解，并帮助你克服工作中的拖延症。如此重构和界定你的无用想法，是管理你想要改变的行为的关键。

我的一个非常离谱的朋友终于意识到（比我们晚了很多年），疯狂地迟到、不露面或在最后一分钟推倒重来，并不都是他不可预知的魅力的一部分。这对其他人来说简直是讨厌透顶。因此，他用来解释自己行为的词语不是“无忧无虑”，而是“强人所难”。这件事产生了立竿见影的效果，从那以后，他就像其他人一样靠谱。

语义学就是你使用的词语和你定义它们的方式，这与你的思维方式息息相关。所以，如果你想改变你的态度、方法和行为，请重新考虑你选择的词语。如果你不喜欢“极度腼腆”，那就不要这么说。例如，把自己想象成“一个安静的倾听者”，你就可以更加积极地练习自己的社交技能。总之，世界需要更多的倾听者。

如果你的自尊心比你想的要低（这可能是大多数人的真实情况），仔细想想你与自己交谈时使用的语言，实际上也是你与他人交谈时用到的语言。你的潜意识在倾听你的声音，它会听出“我考砸了”和“我这次没及格”之间的区别。反复使用同样的语言会对你的感觉产生影响。面试“进展不顺”，还是“暂不如你所愿”？看起来差异很小，但其中一个比另一个负面得多。你是专横跋扈，还是独断独行？你是在某些方面毫无用处，还是没有你想要的那么好？你是自私还是只顾自己？

你发现自己处于一团糟的状态，然后在脑海里说：“法则 30 告诉我，不要说‘一团糟’，应该说‘不太整洁’。”但你会惊讶地发现，你可以轻而易举地把“一团糟”变成一种习惯。一旦这种情况发生，你的潜意识就会听之任之。

你的潜意识在倾听你的声音。

法则 031

你不必不断升级你的目标

一位老师曾经告诉我，在管理有抱负的学生时遇到的棘手的事情之一是，他们朝着一个目标努力，一旦这个目标近在眼前，他们就会制定一个新的、更艰巨的目标，并以此为目标。这听起来可能是件好事，因为学生们的学业分数会越来越高。事实上，如果所有老师都对分数感兴趣，这将是一件好事。然而，好老师也会关心学生的安康。而不断提升目标的学生永远不会感到足够好，因为他们永远不会达到他们的目标。顾名思义，他们总是做不到。你可以看到，随着成就的增加，这是如何自相矛盾地削弱他们的自尊的。

我们中的很多人在学生时代就这样做过[一]，成年后也会继续这样做。我们中的一些人在学生时期根本没有这样做[二]，但成年后仍

[一] 这里的“我们”泛指芸芸众生。

[二] 啊，这才像话。

然设法养成了这个习惯。无论是在工作中还是在个人生活中，我们都在不断地提高自己的标准，以至于我们永远无法达到目标。然后，我们责备自己，可这不是因为我们不够努力，而是因为我们总是在即将达到目标的时候故意将原先的目标升级。这种做法是不是太疯狂了？

如果你是这样的人（我想你很清楚），就需要认识到这是多么愚蠢的做法，并改变你的想法，因为这样做不会让你快乐，实际上也不会让你取得更多的成就。记住法则 27，并专注于整个过程。如果你的目标明确，你至少会进步得和你想的一样快。

想象一段楼梯。假设有 30 个台阶。它可能是一段陡峭的楼梯，直通楼顶。但事实并非如此。第一段楼梯有 10 个台阶，然后是一个小小的平台。再走 10 个台阶，就到了下一个小平台。所以，每走 10 个台阶，你就可以稍作停顿，好好喘口气。然后，把第一个小平台的画面固定在你的脑海里，这是你设定的标杆。

不要移动这个标杆！这个标杆是在你到达第一个小平台时设置的，并一直保持在那里。当你到达第一个小平台时，恭喜你自己，你达到了目标。你可以回头看看台阶，想想自己走了多少路。请享受片刻成功的感觉。你应该自我感觉良好。

好吧，现在你已经证明了你可以成功地做到这一点，设一个全新的标杆，怎么样？让我想想……为什么不把这个标杆放在下一个小平台，然后再往上走 10 个台阶，之后享受成功的感觉，并不断重复这个过程？

这只是一种对任务、抱负和挑战的全新思考方式。它不会拖慢你的脚步，也不会让你最终取得更少的成就，它只是在你前进的过程中改变你对自己的态度。我有个十分实用的方法，就是把整个任务分解成几个小目标，但你需要把每个小目标分开，这样才能在你完成任务的过程中保持良好的自我感觉。

这个标杆是在你到达第一个小平台时设置的，
并一直保持在那里。

法则
032

寻找善意的解释

急于下结论显然是不明智的，也会导致思维混乱。当你聆听一场争论或解决一个实际问题时，你需要小心翼翼。但在社交方面，这很容易让你陷入自我感觉糟糕的境地，真没这个必要。

每隔一段时间，我就会想起我已经很久没有和某个朋友联系了。每当这种情况发生时，我就会在心里责备自己是一个糟糕的朋友，认为他们一定感觉不到我对他们的欣赏。但现在我不再这样了，因为我会提醒自己，如果我们六个月没有交流，那就意味着他们也没有试图联系我。我没有被人遗忘和没人爱的感觉（因为我太忙于责备自己了），所以我为什么要假设他们会这样呢？两个人都想联系对方，才能保持良好的沟通。当你们相隔很远，生活都很忙碌时，不再联络就是显然的结局。这不是任何人的错。

假设你在街上看到你的一个朋友，你们没有眼神交流，也没有停下来打招呼，你的第一个念头是什么？他不喜欢我，躲着我。我不知道你是怎么想的，但我总是忽略别人，因为我全神贯注于思考，根本看不到他。有时是因为我和他不熟，我认不出他，尽管他认出了我。我知道会发生这种情况，因为有人后来告诉我："当我们的车经过时，我向你挥手，但你没有注意到。"那么，将事情反过来，当他没注意到你时，你为什么会假设这不可能是偶然或意外呢？

当你想要对自己苛刻时，或者当有人对你无礼或冷落你时，或者对你进行一些隐晦的批评时，不要过早地下结论。你要习惯于思考其他可能的解释，比如，他可能想表达其他的意思，他的行为可能有其他的原因。也许他想说的事情以错误的方式说了出来，这种事以前在你身上发生过，为什么不能在他们身上发生呢？

除非你有确凿的证据证明这个解释是由于你的错误得出的，否则，当你可以假设事情并非如此并为此感到快乐时，为什么要假设事情就是这样的呢？社会交往中充满了小误会。汉隆剃刀理论[一] 认为："永远不要把可以用愚蠢来充分解释的事情归咎于恶意。"在这种情况下，我会把"愚蠢"换成"意外"或"误解"。老实说，这比你最初设想的可能性要大得多。

当你可以假设事情并非如此并为此感到快乐时，为什么要假设事情就是这样的呢？

[一] 汉隆剃刀理论是用来推断结论的一种科学原理或哲学法则。剃刀原本是用来刮胡子的工具，但在这里的意思是：能解释为愚蠢，就不要解释为恶意。

第四章

条理性思考

当你有压力的时候，你不想浪费思考的时间。你在计划和组织你的想法方面越流畅，就越少犹豫，从而越有时间去做你需要做的事情。

当然，我们的想法并不是随意地做一些事情。我们很多人都倾向于这样做，因为这让我们看起来很忙，因此效率很高。但忙碌并不一定是富有成效的。你可以随意跑来跑去直到精疲力竭，但仍然一事无成。

所以你必须花时间思考，要确保当你开始做事的时候，你会用正确的方式做正确的事情，不要把时间浪费在不需要做的事情上，至少现在不需要。

重视条理性思考的人是那些投入最少的努力获得最大效果的人。他们管理着一个大大的组织，担任着高级职位，但仍然有时间社交、做志愿者，还可以从自己的爱好中享受快乐（所有这些都是以平静、愉快的态度进行的），因为他们没有把时间浪费在杂乱无章的思考上。

如果你思考时做不到条理分明，而你希望自己条理分明，不要绝望。没有什么神奇的咒语。你只需要学习一些这方面的思考技巧。请继续阅读本章内容。

法则 033

承认自己有条理性

这可能是本章中最难的法则。一旦你掌握了这条法则，剩下的法则就很容易了。有一种观点认为，有些人天生就有条理性，而有些人则不然。这话有点道理，但不是重点。有些动物天生就会游泳（比如狗），而有些动物则不然。例如，我并非天生就会游泳，但我仍然学会了游泳，并且很擅长游泳（这是很久以前的事了）。不能因为你天生没有条理性，就找借口："我希望我能变得有条理性，但这不是我的风格。"你可以把它变成你的风格吧。

人们为了不追求条理性思考而找这个理由，完全是在自说自话。你不是受害者，完全有能力学会游泳、背诵乘法表、开车、育儿、做事有条理。不要再责怪什么天生愚笨。接受这个事实，如果你没有条理性，那是因为你懒得学习。就是这样。

这才是症结所在。我们这些没有条理性的人是不会费力去学习的，因为我们是这样看待条理性的：费劲、无聊，真没必要去努力。做笔记、写日记、写清单、制定策略……真是浪费时间。

为什么不继续做好手头这份工作呢?

听我说，如果你想成为一个条理分明的思考者和高效的实干家，就必须克服这种心态。不要再找借口了。看看你的周围。有些人从不回复邮件；有些人在最后一刻才买旅行票，所以价格翻了一倍；有些人借的书丢了，因此不能归还，车钥匙也一直丢。他们是那种懒得去整理思绪的人，并且假装自己生来如此。这不是他们的错。

然而，那些掌控自己人生的人，总是能为意想不到的事情腾出时间。他们会说到做到，及时给你回复；他们会列出待办事项清单、写日记、做笔记；他们只把车钥匙放在某一个老地方。

那些没有条理的人真让人头疼，不是吗？我的意思是，我认识一些人，他们太有条理了，让我感到不舒服，但这与我一生中被那些不愿费心思考的人所造成的不便和麻烦相比，根本算不了什么。我很惭愧，多年来我也是这样，直到我意识到自己是多么粗心大意。越有条理的人就越能掌控自己的人生。那时，我才意识到我是在找借口，条理性思考不是你天生就拥有的，也不是你努力仍得不到的。有条理的思考只是从有组织的行为中自然产生的。如果你的行动有条理，你的思维就会有条理。

所以，如果你想要一个条理分明的、不凌乱的头脑，想要一种留有思考空间的生活——好吧，不管你想要什么——第一步就是承认你完全有能力变得有条理。如果你这样做，就会更快乐。你身边的每个人都是如此。

越有条理的人就越能掌控自己的人生。

法则034

列一个思路清晰的事务清单

如果你是一个热衷于列清单的人，可以跳过这条法则。这一切对你来说都是显而易见的，因为它是为那些（还）没有列清单的人准备的。那么，列个清单有什么错呢？是什么阻止了你列清单？有人给出了两个主要原因：要么是浪费时间，因为你可以边做事边算计；要么是一长串清单太令人生畏。

所以，让我们从第一个原因开始分析。不管你认为你能多好地同时处理多个任务，请你一次只做一件事直到完成，然后再去做下一件事，这样会更省时。计划和思考的最佳心态与你的必要行动不一样。事实上，你清单上的不同任务可能需要不同的方法去完成，这就是你需要同时处理所有电子邮件或一次清洗所有衣服的意义所在。

实际上，当你的大脑处于有组织的思维模式时，请把你需要做的所有事情都想清楚，并把它们写下来，这样会更快。你会记住更多的内容，在这种思维模式下，你也能在学习的过程中把这些事情归类，然后分批次地、高效地完成。比如，你会列出外出时需要做的所有事情，而不是回来后发现自己忘了什么。当然，有些事情可能会在你逐一完成事务清单的时候出现，你当然可以临时把它添加到任务清单中，但意外遗漏的情况会少得多，因为你一开始就专注于清单本身的项目。

一旦你写好了事务清单，你就可以切换到“做事”模式，而不用试图在你的脑海中保留你需要做的事情，因为所有的事情都在你的清单上。这样你就可以用更清晰的头脑来完成任务。这意味着你可以做得更快更好。从长远来看，做事前写下事务清单，实际上节省了时间。这既是因为你简化了你的思考方式，也是因为你一次性完成了更多的任务。

我很高兴我们已经解决了这个问题。现在说说这一长串令人生畏的清单。为什么要列出这么长的清单呢？你需要的是几个简短的清单。如果你喜欢，可以列出一长串小标题，也可以把各个小标题写在不同的纸上。假设你正在为一次出国旅行做准备。你可以列出需要购买的物品清单，需要处理的行政事务清单，需要打包的物品清单，等等。如果你不喜欢列清单，那就提醒自己，这比到了机场才发现自己把护照忘在家里要轻松得多（我们都知道有人做过这样的事情）。

我的一个亲戚总是说一份美好的任务清单应该从以下几项开始：

- 速战速决的任务。
- 你喜欢的东西。
- 你已经完成的事情。

这样你就能很快完成前三项任务，并且觉得自己取得了实质性的进展。

计划和思考的最佳心态与你的必要行动不一样。

法则 035

清空大脑

当你的大脑乱糟糟的时候，你很难有效地工作。你忙着抓住那些重要的想法不放，几乎没有任何剩余的空间来思考当前的任务。而你总是觉得自己顾此失彼，心想："哦，我必须记得给 ×× 打电话……""哎呀，我需要检查一下我们是否有足够的……""实际上这需要在周四之前完成……"所有这些想法都在争夺你的思维空间，让你更难专注于手头的任务。要么你健忘，要么你不停地从一件事跳到另一件事，最后却没有完成任何事；或者，两者兼而有之。

如果你在工作中执行一个大项目，或者组织一个当地的活动，或者准备搬家，你可能会做一些笔记。但是，仅仅写下一些你需要做的事情是不够的，你需要事无巨细地写下一切事项。是的，一切事项，每一件微小的事情！

我以前做的工作本质上是项目管理，我去任何地方都要随身携带一本螺旋装订的笔记本和一支笔。当有人提到一项任务时，无论这项任务多么小，我都会记下来。如果我突然想起一些我必须去做的事，或者提醒别人去做的事，我就记下来。晚上我把笔记本放在床边，这样我就不会因为担心早上起来会忘记事情而睡不着觉。每天晚上，我都翻阅笔记并整理排序。你不需要有一个螺旋装订的笔记本。你可以写日志，给自己（或别人）发电子邮件，在桌子或冰箱上贴满便利贴，找一个合适的应用程序，只要对你有用就行。

这里真正需要掌握的重要事情并不是关于写东西的方便技巧，尽管这确实很有用。你的记事本（或日记，或便利贴，或电话，或购物清单，或你的手背）只是其中的一部分。是的，它给了你一个“不忘事”的高效系统。

真正重要的是你脑子里在想什么：什么都没有。你需要空间。

释放工作记忆。要清晰，要快乐，要轻松，要放空。此刻，你可以自己处理每一项任务，没有压力，因为你已经把所有杂乱的东西从你的脑海中转移到了一张纸上。如果有什么东西侵入了你的大脑空间，那就果断地释放出来，清空你的大脑。

还有一件事值得做个笔记，那就是你就某件事提问某人的时候。记得写日记，或者将该记录保存在“已发送内容”中，或者给它留一个位置。这样，当他们不回复你的时候，有一个系统提醒你去催他们。想象一下，这将释放出多少思考空间。

我每天都清理邮件。这样，我的收件箱只包含我需要处理的内容，而我的“已发送内容”只包含我正在等待其他人回复的内容。一旦他们回复了，我的“已发送内容”就会被归档。是的，对一些人来说，这听起来太过有条理了。但你知道吗，我不在乎他们怎么想。我所关心的是我不需要记住这些事情，因为我的收件箱或我的“已发送内容”为我备份了所有记忆，我可以保持清醒的头脑。

所有这些想法都在争夺你的思维空间，
让你更难专注于手头的任务。

法则

036

不要让你的“内存”超载

根据上一条法则，我很难夸大每天的计划、待办事项占用了多少大脑空间。除了那些你意识到的需要大量计划的工作或项目（在阅读了上一条法则之后，你会详细地写下这些计划[一]），生活的其他领域也是如此。

无论你多么热衷于列清单，总有一些事情是你不会写下来的。例如，你需要考虑一下逛商店的顺序：你想先把干洗的衣服送去，这样你就不用拖着衣服到处走了；你想最后买食物，因为有些东西你需要很快放到冰箱里。但是，邮局半小时后就关门了，而且去药房取处方要绕很多路……你不太可能在纸上计划出来，但这些内容仍然在消耗你的大脑。

也许你周末会把架子搭起来，因此你会考虑买什么长度的螺

[一] 你愿意吗？你当然愿意。

丝、在哪里能买到——也许你可以在车站接你妈妈的时候买螺丝？不过，如果你去别的商店的话，可以同时买到油漆和木材。但你必须在你的妈妈出现之前完成……

给银行打电话，邀请别人参加聚会，让孩子们为新学期做准备，更换电力供应商，计划膳食，更新简历：生活中充满了你需要考虑的事情。这一切似乎都会不知不觉地伴随你度过余生，直到你的精神超负荷！所以，人们很容易低估这些工作造成疲惫的程度。然而，事实上，超负荷是一件大事，你做得越多，你的精神就会越疲惫。以计算机做基础的类比，这就是 RAM（工作内存）。它要存储的信息越多，它的工作效率就越低。

我们中的大多数人在大多数时间里都习惯于在脑海中处理这些事情，但是，当我们的“内存”超载时，我们就会承受巨大的压力。你需要理解这一点，这样你才能更好地解决问题。如果你有一段繁忙的时间，请把这些小任务清除出去，或者把它们留到以后，给自己一些空闲时间。你要认识到，如果你在工作中即将完成一个大项目，那就不要指望自己也能处理好家里的无数小事。给自己一些“脑袋放空”的时间来帮助自己应对压力，比如看电影、冥想、玩电脑游戏、在阳光下喝杯茶、和你的宠物玩。

请记住，这条法则也适用于其他人，尤其是你的家人。不要指望在你的孩子备考期间收拾自己的房间[⊖]——他们需要休息，适当的休息是必需的。顺便说一下，这条法则也解释了许多传统的

⊖ 或者，不幸的是，他们从不收拾房间。

父亲们为什么不理解母亲们如此疲惫不堪：这不仅仅是照顾孩子的体力上的疲惫，还是一种精神上的疲惫。你既要留意自己和别人的日记，又要处理自己和别人的统筹安排需求。

这一切似乎都会不知不觉地伴随你度过余生，
直到你的精神超负荷！

法则 037

凡事都要考虑最后期限

我喜欢英国广播剧作家道格拉斯·亚当斯（Douglas Adams）的一番话："截稿日期一过，你就会听到奋笔疾书的嗖嗖声。"我想我们都意识到了这一点。我们大多数人都会错过最后期限，至少会时不时地错过，只是因为我们一直忙于围绕着其他更大任务的最后期限来安排我们的生活。

请注意，如果不在生活中设定最后期限，我不确定自己是否能完成任何事情。无论我是想完成向出版商承诺的一本书的写作，还是只想在家人因饥饿和疲惫入睡之前做好晚餐，最后期限不仅是不可避免的，而且还能激励我们继续做事。

因此，我们很有必要认识到设定最后期限未必是件坏事儿。最后期限可能会让我们的生活充满压力，但在很多方面，它又是我们的朋友。它有助于我们集中注意力，否则事情会变得困难得多。令人惊讶的是，我经常能在最后期限之前完成任务，仅仅是因为最后期限的存在。

我有一个朋友，她讨厌在个人任务方面设定最后期限，比如去度假，因为她永远无法完成她的待办事项清单。这是因为（她自己也明白），她会一边清空清单，一边往清单里添加新的待办事项。例如，首选方案是在机场买防晒霜，但如果她行事缜密，就会告诉自己在出发前买防晒霜会好得多，况且也不必多去一趟那里的商店。或者她会添加一些无关紧要的事项。比如，去度假之前给她的阿姨买一份礼物，因为她的阿姨的生日就在假期结束后一周，这样她回来的时候就可以省下一些抢购的钱。如此，她就有了一份不断更新的待办事项清单。她发现自己无法完全清空这份清单，这让她很烦恼。

你想从容应对最后期限，这里有一个诀窍：随着最后期限的临近，你要努力把无关的事情从你的清单上划掉。我的那个朋友需要学会在待办事项下面画一条黑线（可以是想象的线条，也可以是实际的线条），并划掉黑线上方的内容。如果她想在这一行下面添加奖励项目，那是她的事儿，但她应该祝贺自己清空了清单，并将其他事项视为可选的附加事项。

实际上，我们大多数人都会犯同样的错误，只是不那么明显。也就是说，当一个重大的最后期限即将到来时，我们要试着过正常人的生活。比如：行政工作或电话可能要等到下周；激动地挤出一个晚上和朋友出去玩；当你只需靠吃几天三明治过活的时候，去买菜做饭。我们没有让自己足够放松，也不承认需要放自己一马。

当然，你必须在合适的时间开始计划和准备，所有这些对我们中的一些人来说比其他人更容易，但你也必须预料到你生活的其他领域在关键的最后期限面前要"退居二线"。不要急着答应一些事情，然后感觉压力倍增，并在最后一刻掉链子。学会赶在最后期限之前在日记中腾出一两个星期，并降低你对自己的期望。

学会赶在最后期限之前在日记中腾出一两个星期，
并降低你对自己的期望。

法则

038

别纠结于每一个选择[一]

有时候，组织工作会变得非常繁重。也许你要筹办一场大搬迁，或者工作中有一个大型的产品发布会，或者你正在策划一场婚礼。你会有无数的决定要做。这里的大问题是：我们应该聘请搬家公司还是自己动手？我们应该在什么时候举行发布会？我们应该邀请多少客人？这里还涉及一些小事：我们需要保留这个有缺口的杯子吗？嘉宾胸牌的最佳字体是什么？伊丽莎姨妈愿意坐在露易丝旁边吗？

你可能会花很长时间纠结于每一个选择，研究、讨论、列出利弊、考虑所有的选择。这会占用你的时间。当你忙得不可开交的时候，时间是非常短缺的。而且，长时间纠结于每一个选择还会把整个工作搞得一团糟。在你决定要搬家之前，你不能预约搬

[一] 是的，这是一条理性思考法则，而不是一条决策性思考法则——这里没有关于如何做决定的线索。

家公司；在你敲定所有相关细节之前，你不能写新闻稿；在你们对设计达成一致之前，你不能发出邀请。

天啊，这真让人头疼。即使我们在前面几条法则中已经涵盖了所有内容，这些事情还是会让你觉得大脑处于持续不断的轰炸之下：要记住的事情、要打电话的人、要完成的任务、要遵守的最后期限、要做的决定。因此，正如我们现在所知道的，你需要在头脑中清理出尽可能多的空间（如果我们已经按顺序阅读了这些法则）。提高你的决策能力是做到这一点的最好方法。

你需要纠结的决定越少，你的头脑就越清晰，你腾出的时间就越多，你等待尚未同意或确定的信息的过程就越少拖延。当时间和日程都很紧的时候，做决定是一种奢侈，你负担不起。所以，不要决定太多，除非你必须做决定。

这需要你有意识地转变思维。你要意识到，合理的决策远胜于你浪费紧张的时间和精力做出的仓促决定。筛选出真正重要的决定，给这些决定足够的时间。希望其中很多决定都是可以快速完成的；但是，如果某个决定很重要，你需要给予适当的考虑。当然。我不是建议你用抛硬币的方法来决定你的婚礼场地。但是，你可以通过抛硬币的方式来决定很多其他的事情。我们是把用了一半的肥皂、沐浴液和洗发水都装进盒子里并带到新房子中使用呢，还是搬入新房子以后再买新的？这重要吗？如果你不知道答案，那就继续做别的事情，不要浪费时间和精力去思考这些琐事。

你得让产品发布会上的嘉宾胸牌看起来不错，你要把胸牌设计具体到两种颜色或者三种字体……哦，快点做吧——这些设计看起来都很漂亮。你还有更重要的事情要做呢。

这必须是一个有意识的转变，因为你正在忽略的决定是你在其他情况下会花更多时间去做的决定，所以你会很自然地专注于此。然而，仔细想想[1]，当下这些事情并不值得你花费太多时间。

合理的决策远胜于你浪费紧张的时间和精力做出的仓促决定。

[1] 仔细想想，但显然不要想太久。

法则 039

创造性地安排事情

清单、日历、笔记、在线日记、弹出式提醒——人们使用许多工具来安排自己的事务。所有这些都适用于我们中的一些人，或者适用于某些时间。只是不要傻到以为这些是你唯一的选择。如果这些方法都不能让你达到特定的目的，那就找另一种方法来安排自己的任务吧。

我的一个家庭成员发明了一种简单而非正统的方法，可以提醒自己那些你只在睡觉前才会想到的事情。他把牙刷倒置。当他早上起床时，他看到倒着的牙刷，立刻想起了某件事。显然这种方法从未失败过。就我个人而言，我觉得我会盯着牙刷看很久，并好奇地想，我要记住的到底是什么事。这种方法对我无效，但对他有效。

我不知道他是如何偶然发现这个策略的，但这很有创意。这就是重点——你可以随心所欲地想象和随意安排你的生活。只要对你有用，就去做吧。这里没有那么多条条框框。不要被困在一个只有待办事项清单、日记或弹出式提醒的“思维框”里。

我认识一个患有运动障碍和自闭症谱系疾病（ASC）的孩子。他很聪明，上的是普通学校，但他在组织方面很吃力，因为他的大脑不能像大多数人那样自我协调。因此，这个家庭变得非常有想象力，想办法帮助他记住在学校做的事情，比如，把他的游戏套件带回家，或者去午餐俱乐部，或者交一份作业。

这个孩子已学会制定自己的策略。根据他想要安排的事情，他可能会用某个颜色标记东西，或者在书包上系上几根丝带，或者在手机上设置一个定时器（有时需要别人提醒他去设置）。有时他会列出我们大多数人都不需要的清单，比如，每天要带去学校的书本列表。大多数孩子只需要根据当天的课程表带书即可。有时他会切换不同的口音以谈论不同的事情，因为这有助于他在脑海中加以区分。当然，患有 ASC 和运动障碍的人通常特别擅长这种思维，但这并不意味着我们其他人不能使用这种思维。

很多人对除写作以外的事都做得很好，在这种情况下，其他方法通常会胜过使用待办事项清单、日历和便利贴。如果你擅长音乐，也许可以利用这一点来帮助你记忆。比如，你可以把你的提醒变成一首歌。颜色的花式用法对一些人来说效果很好。你也可以采用可视化方法。比如，你可以先模拟烤蛋糕的所有步骤，而不是列出待购清单，这样更容易记住你需要去超市购买的食材。

所以，不要被传统的记忆方法所束缚，除非你已经确定它们是最适合你的方法。找到帮助你记忆的方法，谁在乎它们是否适用于其他人呢？

你可以随心所欲地想象和随意安排你的生活。

第五章

创造性思考

创新是非常有趣的事情。你正在设计一款新产品，或者组织一场派对，或者装饰一座房子，或者重新安排你的工作量，或者计划一个假期，或者制作一段音乐。你在等待你的灵感出现。然而，当灵感来袭的时候，你可以用自己的方式去思考。正如托马斯 · 爱迪生所说："天才是 1% 的灵感加上 99% 的汗水。"你不需要我在灵感方面的帮助，但我可以为你指出 99% 的汗水应该洒在什么地方。

我在工作中观察过一些非常有创造力的思想家，并和他们交谈过。我亲眼看到了他们是如何行事的。多年来，我逐渐理解了他们为了解放思想而遵循的潜规则，这样那 1% 的灵感就能找到进入他们内心的途径。事实上，我自己也学会了使用这些规则。因为虽然创造性思考只在少数幸运儿身上自然而然地形成，但其他人也没有被排除在外。我们只需要训练我们的思维。一旦你建立了正确的思考习惯，你会发现创造性思考对你来说也很自然。

创造性思考就是看看你的想法把你带到了哪里。你可能知道自己从哪里开始，但不知道目的地在哪里。因此，你需要以一种开放的方式来思考各种可能性，或者玩转一些你可能没有考虑过的创意。如果你以最好的方式使用你的大脑，打开足够多的思维大门，灵感就会更容易走进你的内心。

法则 040

训练你的大脑

假如你现在有一个项目，为此你想要获得创意。你甚至可能因为这个原因而翻看本书的创造性思考这一章，我希望你会发现下面的一些法则对你有用。然而，你真正想要的是成为一个真正有创造力的思考者，每天都能想出大大小小的点子。无论你是在创业还是在制作菜谱，你都希望这些东西成为你的第二天性。

当然，这意味着你需要练习。假如你阅读了一两条法则就想出了一个天才创意，然后不再使用你的具有创造性的脑细胞，直到下一个大挑战出现，这不是明智之举。这就像你教你的宠物狗坐着，却从来没有要求它练习坐姿，直到多年以后你需要它正襟危坐时还在纳闷为什么它不记得你教它的内容。一旦你的狗能按指令坐下，你就要求它每天保持坐姿一次到两次。这样，当你突然真的需要它保持坐姿的时候，它会毫不费力地做到。

嗯，你的大脑和狗的大脑并没有什么不同。如果你想以一种特定的方式思考，就需要形成并加强那些神经通路，使你的思想能够传播到你想要它们去的地方。这意味着你每天都需要创造性地思考。

那么，你在日常生活中该怎么做呢？洗个澡，穿好衣服，吃顿早餐，就这点事儿能有多少创意呢？在通勤上班、洗衣服或喂猫的过程中，你的想象力有多大的空间？实际上你可能会感到惊讶。

重要的是，不要陷入思维定式。正是这些根深蒂固的思维习惯让你很难跳出固定框架去思考。一旦你训练你的大脑以不同的方式思考，即使是小事，也能开创其他的思维模式。所以，稍微改变一下，打破常规，活出一点儿自我。找一条新的路线去上班，找一个不同的公园去遛狗，淋浴时面朝另一个方向站着，制作一些你从未吃过的食物，去一个不同的地方度假。最重要的是，让“不正常”成为常态。

这些事情有的很小，有的更小。它们训练你的大脑不做任何假设，以不同的方式看待事物，期待意想不到的事情发生。你要抓住每一个机会从事创造性活动，比如写作、绘画、表演、奏乐或跳舞。你还可以申请为你姐姐的婚礼装饰村庄大厅，或者为你的公司设计展台，或者为圣诞晚会想出一个主题。

如果你真的想成为一个具有创造性的思考者，就需要从创造性思考的实践方法开始。加油吧！如果你看不到机会，那就创造一个机会。给你的大脑一个机会，让它向你展示你的才华与智力。这样，当那些需要创意的大项目出现时，你的大脑就会准备好打一场硬仗。

如果你看不到机会，那就创造一个机会。

法则 041

充实你的思想

爱因斯坦认为想象力比知识更重要。我认为现在更是如此，因为几乎所有的知识都存在于宇宙中，等待着你敲击键盘将其召唤出来。你真的不需要把它们记在脑子里。但是，你无法下载想象力。想象力是创造性思考的关键，所以你真正需要做的是尽你所能拓展你的想象力。

爱因斯坦还说，培养聪明孩子的方法是给他们读童话故事。为了进一步提高他们的智力，你应该给他们读更多的童话故事。当你听到一个故事时，情节可能是作者为你提供的，但画面是你自己的想象力提供的。当你自己阅读这个故事的时候，你的想象力和你的声音都在为你服务。

如果你还没读过莎士比亚的《亨利五世》的序幕，那就去读一读吧。他完美地阐释了想象力的效果和开发手段。人类的想象力是一种非凡的东西。如果我们不能使自己的想象力尽可能地强大、敏捷和生动，那几乎就是一种罪过。

阅读小说是必不可少的。顺便说一句，如果你想让你的孩子开发出具有创造性的思维，那就接受爱因斯坦的观点——很重要。尽可能多地给他们读书，培养他们对书的热爱。光看电影是没有用的，因为电影已经为你完成了所有有关想象的工作。电影很好，但这是完全不同的事情，不能代替阅读。此外，你还要鼓励他们编造故事。有了你的助力，你的孩子就会相信魔法、圣诞老人和牙仙子的存在，他们会相信很多年。我有一些朋友，他们的孩子坚信家里的猫会飞。我很高兴地发现，他们的父母明智地允许他们继续保留这种信念，而许多父母会不假思索地说："别傻了，猫不会飞。"

如果我必须在我的清单上列出一项活动来开发想象力、激发创造性思考，那就是阅读小说。然而，幸运的是，我不需要把某件事放在首位，还有很多其他的方法来提升你的创造性思考：读诗，随便写点东西，听你喜欢的任何音乐（记得偶尔改变一下，不要墨守成规）。许多非常聪明的喜剧演员，尤其是那些超现实主义的喜剧演员，会迫使自己的大脑做出意想不到的飞跃、扭转和跳跃，让自己的思维跳出常规。

如果你仔细想想，很多笑话的目的都是让你的大脑措手不及，比如，先建立一个模式，然后在你不经意间打破这个模式。聆听让人陶醉的幽默故事、跟逗趣的朋友出去玩、观看有趣的节目，都是鼓励你的大脑更有创造性地思考的愉快方式。

当你听到一个故事时，情节可能是作者为你提供的，但画面是你自己的想象力提供的。

法则 042

为创造性思考找感觉

我们大多数人都无法随时打开自己的创造性大脑。如果你赶着去赴约，并且已经迟到了，外面还下着瓢泼大雨，但你忘了带外套，同时你因为鹦鹉不好好吃饭而焦虑不已，那么这可不是你思考的最佳时机。

我们需要哄骗自己的大脑，鼓励它发挥创造力。如果我们把大部分时间都花在做事上，而放弃了简单的思考，就没有处于正常的思维状态。你可以想想自己有多频繁地专注于一项实际任务：说话、做饭、发短信、洗澡、看电视、从钱包里掏东西、在超市选蔬菜。你不要花大量的时间让自己的思想四处游荡。有时候你可以在做其他事情的时候进行创造性的思考，但如果不是刻意思考，你的思想很可能又回到日常琐事。例如，你可以在淋浴时“做白日梦”，但你很容易发现你实际上开始回到现实，已经在考虑是否需要再买一些沐浴露了，因为它快用完了。

所以，你要帮助大脑进入创造性思考的状态，比如喝点酒、吃点饭。这并不是说，你必须把其他事情都安排妥当。创造性思考值得专门留出时间来做。所以，首先你要确保自己可以放松。当你随时都有客人来访，或者你的下一次会议五分钟后就要开始，或者你急着去卫生间时，想要自由地思考是很难的。

你需要知道最好在哪里思考和怎样去思考，并创造出你想要的思考氛围。如果你还不知道这一点，那就试着找出适合你的思考时间。有些人在散步时思维最活跃，有些人在黑暗的房间里思维最活跃，有些人在淋浴时思维最活跃，有些人在健身房里思维最活跃，有些人在听某种音乐时思维最活跃。

我想补充的是，我们中的一些人在与其他人一起思考时表现得最好，这也没关系。但有时这并不可行，或者其他人对此不感兴趣，所以，要成为一个真正的思考法则玩家，你还需要提升自己的创造力。如果你在思考，即使是独自思考，大声说话有时也会有帮助。

如果你擅长创造性思考，你的大脑在没有理想环境的情况下也可以自然配合。极具创造力的人可以在白天或晚上的任何时候想出天才创意，即使他们有压力、忙碌或感到饥饿也无妨。这是因为创造力是一种习惯，如果你练习得足够多，你的大脑就能萌生创意，正如我们所建立的其他习惯一样。但是，你需要从基础练习开始，这样你的创造力才能稳步上升。

你需要知道最好在哪里思考和怎样去思考，
并创造出你想要的思考氛围。

法则
043

预热大脑，激活你的创造性思维

我们现在做些“预热活动”，好吗？如果你准备进行某种体力锻炼，就应该先做一些伸展运动。脑力锻炼也是一样。你已经进入了状态，现在，在你专注于当前的创造性思考锻炼之前，稍微放松一下吧。

你可以做很多大脑预热活动，但选择哪一种并不重要——除非你不想陷入新的惯例，所以不要总是选择同样的活动。网上和书中有很多建议，你也可以适当地发挥创造力，发明自己的大脑预热模式。你所追求的是任何能让你在几分钟之内开启发散性思维的东西，让你的大脑以正确的方式工作。

发散性思维意味着从一个起点出发，朝着尽可能多的意想不到的方向前进，这就是创造性思考的全部内容。发散性思维与聚合性思维相反，在后者中，你的想法将必要的线索汇集到一起，形成一个单一的答案。例如，聚合性思维正是你解决数学问题所需要的，而不是你产生创意所需要的。

如果你问一个擅长使用聚合性思维的人会如何使用一块砖，他很可能会告诉你用这块砖头盖房子。然而，擅长使用发散性思维的人可能会告诉你用这块砖头支撑一扇门，或压住一个空箱子以防空箱子被风吹走，或者打碎窗户，或者阻止一辆从山上滚下来的汽车，或者把这块砖头摔成碎块并放入一个花盆里以帮助花盆排水，或者垫在自己脚下以窥探一堵高墙之外的风景。

现在，我们大多数人要么成为擅长使用聚合性思维的人，要么成为擅长使用发散性思维的人，但在必要的时候，我们可以交替使用两种思维。每次你在商店找零的时候，都在使用聚合性思维。当你试图回答"你想要什么生日礼物"时，你可能会使用发散性思维。当你想要有创造力的时候，你肯定需要有一个发散型的思维框架。

上文中的砖头用途案例是一种很好的思维练习，它可以打开你的思维，为想象力的出现做好准备。试着在两分钟内想出十种常见物品的不常见用途：纸巾、马克杯、电话、书、打孔机……

如果你总是以这种方式开始你的思考过程，每次只是改变一下对象，那你就会陷入新的乏味的习惯。所以，看看其他快速的创造性练习吧！偶尔用这个方法"热热身"是可以的。这样做是为了刺激大脑中创造性的部分，让它为真正的任务做好准备，就像是先练声为唱歌做准备或先把头发弄湿为洗头做准备一样。

如果你准备进行某种体力锻炼，
就应该先做一些伸展运动。

法则 044

不要被束缚

系好安全带，我们要认真思考了。转念一想，还是不要系安全带了吧。如果你开始限制你的想法，就无法让你的大脑自由驰骋，无论它选择去哪里都毫无意义。这是创造性思考的关键。即使是最不可行的道路、最不可能实现的主意、最意想不到的创意，都能带来你所追求的那一瞬间的灵感乍现。

如果你的思想有所保留，并对自己的创意吹毛求疵——“这是一个笨点子。”“这永远不会成功。”“嗯嗯，你怎么让其他人同意这个想法呢？”——你完蛋了。一旦你有了一个或几个值得仔细分析的想法，就有足够的时间来处理这些事情，记得用你的批判性思考技巧，而不是你的创造性大脑。

现在，你的目标是产生创意。你要能想出创意，任何创意都行。然后你再决定这些创意好不好，可不可行，受不受欢迎，能不能用于实践。即使是看起来最糟糕的创意也可能成为很棒的金点子，但如果你拒绝了这些想法，那就不行了。莱纳斯·鲍林

（Linus Pauling）说：“如果你想要好点子，你必须先想出很多创意。”他是仅有的两名在两个不同领域获得诺贝尔奖的人之一。[㊀]对他来说足够好的东西对我来说也足够好。我并不是说你所有的想法都很棒，或者它们都可以变成很棒的金点子，但如果你在这个阶段筛查这些想法，肯定会删除一些你不应该删除的创意。

我的一个朋友有一个想法，那就是说服人们重复使用礼品包装纸，因为这样很环保。嗯，这听起来像是一个无用的想法，因为如果这是可行的，我们早就这样做了！这既省钱又对环境有益，那么我们为什么不这样做呢？因为这种纸很容易撕裂、揉皱，而大多数人在拆礼物的时候都会把包装纸撕成碎片。我们大多数人会放弃这个想法，认为这是徒劳的，然后就去干其他的事情了。但我的这位朋友不这样。她现在有了一个成功的企业，生产可重复使用的包装纸。她把这个想法从改变人们的态度转变为改变纸张本身。现在想想，这是显而易见的，但如果她对待自己最初的创意就像对待包装纸一样，先揉成一团，再撕得粉碎，那她就不可能成功了。

所以，在这个阶段，只是试着产生想法，而不是评估它们。更重要的是，你的大脑不能同时在两种模式下工作——想象和分析。如果你让大脑不受阻碍地做创造性的事情，它就会工作得很好。否则的话，场面就像同时挂空挡和五挡一样。这两件事你都做不好，这不是你真正想要的结果。

㊀ 不用问，另一位两次诺贝尔奖得主当然是居里夫人啦。

如果你希望产生很多想法，最好是想办法记录下来，这样你就不用担心忘掉这些天马行空的想法了。一旦把你的想法写在纸上或录入语音备忘录，你就可以抛开这些继续思考，而不必认为你必须抓住最后一个想法不放手，以免它稍纵即逝。

如果你开始限制你的想法，
就无法让你的大脑自由驰骋。

法则 045

找出禁锢你的“思维框”

很多人会劝你“跳出思维框思考”。然而，他们大多数人都不能识别或描述出你应该摆脱的“思维框”。有很多很棒的策略可以帮你做到这一点，而且富有成效。

从广义上讲，我们当然知道禁锢我们的“思维框”代表着僵化的思维，沿着惯常的思维窠臼前行，通向一成不变的终点。那么，就你现在从事的个人项目或创造性活动而言，禁锢你的“思维框”具体是什么呢？

这个问题的答案每次都不一样。但你问过吗？貌似这就是策略缺失的地方。当你知道禁锢自己的“思维框”在哪里时，“跳出思维框思考”就会变得极其容易。所以，让“跳出思维框思考”成为你的起点吧。

这在商业上非常有效，因为它给你带来了竞争优势。我所在的地方（我猜你所在的地方也是）的所有面包房都在城镇里——

那里人多。所以，如果你想开一家面包房（可能还有咖啡馆），那就开在城镇的中心。但几年前，这里有人决定跳出这个“框”：他在城外的一个小贸易区开了一家面包店，还有一家咖啡馆。这片区域本身人烟稀少，没有足够的顾客上门，所以你可能对面包店生意不抱太大的希望。然而，这家面包店现在是该地区最著名的面包店，咖啡馆里经常挤满了人。为什么？食物很美味，而且在贸易区停车比在城里容易多了，所以这是一个相约见面的好地方。这家店的面包师发现，他们的“思维框”就是“待在城里”，然后他们从这个“思维框”里爬了出来。

别忘了，你可能同时在几个“思维框”里思考（我真的不知道那是什么样子，我想那一定像俄罗斯套娃一样把你绕晕）。也许你正试图在村庄大厅里设计一场婚宴。所以，你被困在一个写着“村庄大厅”的“思维框”里。也许你可以把它放在别的地方，是不是？但是，等一下，你也在一个写着“婚宴”的“思维框”里。你也试着跳出那个“框”。当然，还有一个写着“结婚”的“思维框”。诚然，你最终可能还是会结婚，在村庄大厅举行婚宴。但你也可以放弃婚宴，只带大家去吃一顿大餐，或者邀请两个朋友参加你的蜜月旅行（当然，这也是一个“思维框”），然后回来再给大家办个大派对。这些都是无关紧要的事情。

虽然你已经走出了这个“思维框”，但这并不意味着如果你选择爬回去就是不可能的事了。但至少看一眼外面的世界，再决定你是真的喜欢这个“思维框”，还是因为这个“思维框”正好在你的眼前，你就凑合着在里面思考了。你看，即使你回到这个“思维框”里，你的视野也会更开阔，因为你在外面待了一段时间。它变得透明，让你知道“框”外是什么。而且，你产生的想法很有可能比你从一开始就盲目地坐在“思维框”里更有创意、更有趣、更令人兴奋。

当你知道禁锢自己的“思维框”在哪里时，
“跳出思维框思考”就会变得极其容易。

法则 046

从别人的角度思考自己的事情

你坐在一个洒满烛光的房间里听着轻柔的音乐，或者出去跑步，或者做一点园艺活儿——任何能让你进行富有想象力的思考的好心情都行。你已经知道禁锢自己的“思维框”在哪里，并且从中爬了出来。你已经准备好不去评判别人，给每个想法一个机会。那现在怎么办呢？

你打算从哪里开始？如果你完全清空了你的大脑，就很可能会漫不经心，或者开始想一些无关紧要的事情。你需要让你的想法朝着某个方向前进，然后自己也跟上去。你想让你的想法在一个新的方向上徘徊。显然，你是在给你的想法一个机会，让其到达一个有趣的、迷人的新境地。

开启思考的最佳方式就是换位思考，即从别人的角度思考自己的事情。几乎每个人都可以这样，只要有关联就行，因为这仅仅是一个起点而已。比如，你要在你的业务中推出一项新服务。请先从客户的角度考虑。他们会感兴趣吗？为什么不感兴趣呢？他们会对什么感兴趣？他们将在何时何地敞开心扉接纳你的信息？他们会相信这些信息吗？他们最可能关注的是什么？

如果你计划在村庄大厅举行婚礼（如果婚礼场地依然是村庄大厅，而你依然要结婚），从宾客的角度思考一下：是什么决定了婚礼的好坏？花在等待上的时间是否太长？婚宴上的食物是否可口？他们在婚礼仪式上的所见所闻是否吸引他们？他们还认识谁？他们愿意盛装打扮参见婚礼吗？

这些问题看似简单明了，但并不是要你想出非黑即白的答案，关键是要对事物有一个全新的认识。例如，你可能决定把你的婚宴的重点放在让老朋友们聚一聚上，或者放在提供一顿值得铭记的大餐上，或者放在巧妙安排以让每个人都有参与感上……每一道程序都将引导你走向一个非常不同的场面。你要尽可能地遵循这些流程，最后你还可以要求每个宾客提供他们年轻时的录像，30 秒即可，或者让所有的客人都参与到仪式中来，让他们齐声问："你愿意娶这个女人吗？"或者，把所有的食物都挂在天花板上闪闪发光的细线上——我不知道会是什么结果，你也不知道，除非你尝试过。你的想法既有趣又有创意，可以把你带到任何地方。再往后，你可能会稍微收敛一下，也可能不会。

最近我看到一篇新闻报道，说一家冰激凌店想要推出一款喜庆的圣诞冰激凌。店员们讨论大家在圣诞节都喜欢吃什么，结果他们选择制作“毯包猪肉冰激凌”[一]。听起来很恶心，但他们还是做了。令人惊讶的是，报道这个故事的记者找不到一个不喜欢这款冰激凌的人。这家冰激凌店还得到了英国媒体的报道。

你的想法既有趣又有创意，
可以把你带到任何地方。

[一] 我不知道这个词是不是英国人专门用来形容这款冰激凌的。“毯包猪肉”指的是用培根包裹的迷你香肠。

法则 047

插上联想的翅膀

你的目标是在你的思想中开辟新的渠道，即你的思想从未遵循过的路线。方法之一是选择一个你从未选择过的起点和终点，这样你就必须选择一条新的道路。如果你从未去过廷巴克图（终点），即使你的起点是你家的前门，你也不可能在不去走一些你从未走过的路的情况下抵达终点。

你的大脑也是一样。让它遵循一条新的思维路线。这不仅能帮助你应对当前的创造性挑战，还能更广泛地锻炼你的创造力，一举两得。现在，就像从家里到廷巴克图一样，如果旅程的起点和终点中有一个是你熟悉的点，那就该做些不同的事情了。让其中一个点成为你创造性思考的项目，比如，重新装修你的客厅，或者写一段音乐，或者策划一个活动，或者设计一个广告大片。现在，你要为另一个点选择什么呢？

钓鱼，快乐，巴拉克拉法帽，全球变暖，卡尔·马克思的哲学，邮票……打开字典随机选择一个词，试着在你要做的项目和任何东西之间找到联系。随便选个东西大胆想象，插上联想的翅膀。“邮票”这个词会让你想到什么？它非常小，黏附在某些东西上，通常只有一种色调，有扇形的边缘，贴面是穿孔的……现在试着将其中一些特点应用到你的项目中。我不是说你应该按邮票特有的风格去重新装饰你的房间，那要花很长时间。但你可以在窗帘或靠垫上引入扇形边缘，或者坚持使用一种色调，或者使用贴在墙上的贴花。

你会按照自己惯常的方式想出这些点子吗？看到了吗？你可能会进一步发展其中的一个想法，以至于只有你还能看到它与邮票的联系。没关系。重要的是，如果你不强迫自己在两个之前不相连的点之间打造一条路线，你的大脑就不会想到这些可能性。

当然，你不会全程使用邮票去激发你的每一个想法。如果你这样做，房间会看起来一团糟。事实上，如果我做同样的练习，你不会想出和我一样杂乱无章的想法，即使你昨天在另一种心情之下悄悄试过。那又怎样？这种思考练习的目的是让你产生创新的、原创的、与众不同的想法。你不仅会得到一个更有创意和充满灵感的客厅（或广告大片、活动、音乐），也会获得一个以更有创意和自由驰骋的方式思考的大脑。

钓鱼，快乐，巴拉克拉法帽，全球变暖，

卡尔·马克思的哲学，邮票……

法则
048

你可以犯错，但你得悟出点什么

当3M公司试图开发一种新的强力黏合剂时，有人犯了一个错误，生产出了一种比往常的黏合性差的胶水。当你用这款胶水把东西粘在一起时，这些东西很快就会开胶。所以，这是一个无用的、愚蠢的错误吗？不，这是便利贴的起源。

亚历山大·弗莱明（Alexander Fleming）在培养皿中培养细菌时遇到了麻烦，因为一种特殊的霉菌总是与细菌一起生长并摧毁细菌。这是一个不断破坏他实验的令人沮丧的错误吗？不，当他决定更仔细地研究这个“错误”时，发现这种霉菌还是有用处的。青霉素（他称之为盘尼西麻）由此被发现。

创造力的障碍之一就是我们害怕犯错。事实上，创造性思考没有对错之分，但我们所受的教育是我们要“把事情做对”，而不是“犯错”。还记得老师在课堂上把你的作业还给你，并因为你做错了题而给你打低分吗？我们的文化将错误视为一件坏事，人们努力避免在生活的各个领域犯错，这是根深蒂固的观念。

这是创造性思考的敌人。我们总是担心自己会弄错、搞砸、摊上事儿，这让我们不敢尝试，不敢发挥自己的创造力。亚历山大·弗莱明并不是20世纪20年代唯一培养细菌的科学家。他们中的许多人犯了同样的“错误”，并做了他们一直被告知要对“错误”做的事——扔掉错误，掩盖错误，摆脱错误，重新开始。但我说不出这些科学家的名字，因为他们都没有发现青霉素。

当一个发明家研发一款新产品时，他们要经历无数个开发阶段，产生无数个技术原型。有时，在一个产品最终进入市场之前，可能会有几十甚至几百个版本的产品。所以，他们为什么不直接销售他们制造的第一款原型呢？这是因为它不能正常工作。事实上，它可能根本不起作用。但这会是一个错误吗？当然不是！这只是创造成功产品的必经之路。如果这些发明家认为他们早期的错误代表了某种失败，他们应该因此放弃这个产品，那么汽车、手机、缝纫机、割草机、复印机等新品就不可能问世。

犯错会让你悟出一些东西，当然，你得认真领悟。这并不是说你是个失败者。你要意识到自己已经弄清楚了通往成功的障碍，你需要做的就是克服或绕过每个障碍，总有一天你会成功的。

更重要的是，每个障碍都迫使你进行创造性的思考，以便找到解决方案，这意味着你将在你的项目中投入更多的创意和想象力。这是一件好事，你无须做到“从不犯错”。稍后我们将更详细地讨论解决问题的方法。目前，我们要传达的信息是，拥抱错误，不要回避犯错带来的风险。

创造性思考没有对错之分。

法则
049

少担心别人怎么想

多年来，我观察到我认识的最有创造力的思考者往往都不喜欢墨守成规。这并不是一个绝对的硬性规定，也有一些例外，但我感觉，拒绝墨守成规是必要的。人类需要创新者来推动进步，从发现如何驾驭火或制造矛，直到现代世界的发明。然而，太多的创新者都在为自己的创意辩护，而不是互相借鉴。世界还需要人们（大多数人）乐于拥抱群体思维并发挥团队作用。这些人可能没有创造力，但他们是社会的支柱，是真正实施变革和促成进步的人。

大多数人从适应、归属感和顺从中获得满足。这就是为什么他们可以响应集体的号召，采纳新的想法并加以利用，让自己的团队有效地实施这些想法。

然而，如果你是一个天生的创新者（或独创者），就不必总是担心别人怎么想。大多数人抗拒改变，所以，如果你听了他们的话，你就会放弃自己令人兴奋的、有创意的新点子。在梅雷迪思·贝尔宾博士（Dr Meredith Belbin）关于团队角色的研究中，有创意的人被称为“智多星”。贝尔宾认识到，这些人往往难以适应等级制度或应付僵化的制度。他们可能是孤立的、特立独行的，甚至是具有破坏性的。所以，简而言之，一个能够进步的社会需要多数的循规蹈矩者和少数的拒绝墨守成规的人。

某人没有从众的天性并不意味着他从不循规蹈矩。几乎没有人从来不遵守规则。如果你早上穿好衣服、刷牙、在正确的车道上开车，你就是遵守规则的人。然而，这些人并不是单纯地为了顺从而循规蹈矩，因为他们不像大多数人那样从归属感和融入感中获得那么多乐趣。

就他们产生想法的能力而言，这很重要，因为他们需要摆脱创造力所受到的限制。如果你不想表达任何不符合常规的想法，或者你认为其他人可能不同意或不高兴的想法，你的创新能力就会受到严重的阻碍。

所以，如果你真的想培养你的创造性思考能力，就需要为此做好准备。如果你天生墨守成规，喜欢随波逐流的感觉，那么你需要让自己更厚脸皮。你不必伤害别人的感情，也不必做出没有善意的举动，但你的想法会带来创新，创新会带来改变。而且，虽然大多数人会在长期内接受更好的改变，但他们往往会在短期内抗拒任何改变。你不能因此退缩。

你不必总是担心别人怎么想。

第六章

求解式思考

如果你面对的是一个真正的问题，就必须用一种创造性的思考方式来解决。然而，我将这部分从创造性思考中剥离出来，因为求解式思考的不同之处在于它是被动的回应。这不是你想选就能选的。你必须这样做，因为有某种障碍你必须克服、越过、穿过、绕过。要做到这一点，你别无选择，只能“戴上思考帽”认真思考。

本章最后一部分讲述如何从思考中获得乐趣，看看思考会把你带到哪里。这一次，你确切地知道自己要去哪里——问题是如何到达那里的。你知道你需要降低成本，或修复你的人际关系，或处理超负荷的工作，或解决需要你同时身兼数职的日程冲突。无论问题是大是小，都不是单靠努力、社交或金钱就能解决的。你需要认真思考，才能找到解决问题的方法。什么都不做是不可取的。

所以，你需要一套思考法则来帮助你在这种情况下以正确的方式思考。当然，这与创造性思考有一些重叠，但其中也有一些思考方式是专门用于问题求解的。这些就是我们在本章要讲的内容。

法则

050

清除负面情绪

无论你的问题是什么，你都需要一个清晰而不凌乱的头脑来解决问题。我们在法则 42 中看到，为了创造性地思考，你必须处于良好的精神状态。关于问题求解的思考是创造性思考的一个分支，同样的道理也适用于此。更困难的是，如果你有问题，你的大脑更有可能充斥着负面情绪，这只会阻碍你的思路。

且不说你接下来的生活会发生什么，你试图解决的问题可能会让你心烦意乱、生气、担心、紧张、不开心。不幸的是（实际上是不公平的），这些情绪将使我们更难想出解决方案。你想让大脑中创造性的部分不受干扰地工作，而负面情绪是一个很大的干扰。

我知道，如果你感到担心，别人对你说的最糟糕的话就是“别担心”。同样的糟心话还有："不要生气。""不要心烦。""冷静下来。"[1] 说句公道话，平息自己的怒气要比平息别人的怒气更容

[1] 我怀疑，在人类历史的长河中，这句话不曾平息任何人的情绪。

易，可让自己平静下来也不是件容易的事。我不能像晃一晃魔法棒那样变出奇迹，但我可以给你一些建议。

首先，求解式思考仍然有助于创造合适的氛围。无论你面临多大的压力，如果你能竭尽全力去减压，就更有可能想出解决方案。所以，去跑步，或者坐在一个安静的房间里，或者播放欢快的音乐。如果这些都不行，至少关掉你的手机提醒或你的电子邮件，或者坐在车里养精蓄锐。总之，你要为自己创造一点空间。

有些事情可能会在短期内让你头脑清醒。也许是音乐，或填字游戏、数独游戏，抑或是各式各样的冥想、园艺、瑜伽、绘画，一切把你的注意力从干扰你的情绪中转移出来的活动都可以。

如果有任何为自己争取时间的可能性，那就去争取吧。时间是一个很大的压力，而且会加剧焦虑和紧张。因此，缓解时间压力并不能让一切都好起来，但至少会有所帮助。等待对于某些问题和某些情绪是有效的。例如，如果你很生气，明天或下周你可能会平静一点。时间也会让你发现新的视角。现在看来貌似难以解决的问题，随着时间的流逝，可能会变得容易，或者只是变得没那么重要了。如果你等待的时间足够长，问题甚至可能自行解决。我不提倡拖延，但如果等待不会造成更严重的后果，为什么不能等一等再说呢？

如果你的情绪过于激动，暂时想不出你真正满意的解决方案，你至少要想出一个权宜之计，也就是备用方案。但你不会停止寻找更好的想法，因为你知道，足够好的解决方案本身就可以减少压力，即使是“备用方案”，也应是个“完美的备用方案”。

最后，你要相信一定有解决方案。如果你认为帮助即将出现，那么你会感到更快乐、更平静、更放松，就像解决方案在你脑海中闪现一样。如果你认为有解决方案，那就一定会有解决方案（参见法则 82）。

你想让大脑中创造性的部分不受干扰地工作。

法则 051

做到第一时间解决不可避免的问题

几年前，我的一个朋友陷入了严重的财务问题。那是在经济衰退期间，他欠下了一笔巨额抵押贷款，是房子实际价值的两倍，还有信用卡账单、水电费账单和刚刚破产的生意。

每次我见到他，都会目睹更多的悲剧——他遭遇法警的故事，或者来自银行的恐吓信，或者他家门口放着终极追债函。他不知道如何解决这一切。他已经还清了所有小债权人的债务，现在只欠银行、建筑协会和大型公用事业公司的一大笔钱。我建议他（当然我不是唯一的建议者）宣布自己破产，这样他就可以将所有债务一笔勾销，重新开始，尽管会有两三年的消费限制，但不会比现在更拮据。

他拒绝了我的提议。他觉得破产是一种耻辱，并决心找到解决他处境的办法。这种情况持续了几个月，他变得越来越沮丧和紧张，而且因为利息，债务也越来越多。

猜猜最后的结果是什么。是的，你猜对了，最后他不得不宣布破产。他从来没有真正在第一时间解决问题，只是不断地尝试去避免不可避免的事情。在内心深处，他知道没有办法摆脱他所处的财务困境，但他愿意相信有办法，所以，他把财务困境当作一个问题，而不是一个不可避免的结果。

有趣的是，当他做出让步，自愿破产时，他立刻感到轻松。他不再背负着试图拖延不可避免的事情的情感负担，于是立刻振作起来。这场无法获胜的战斗远比实际的破产本身更让人精疲力竭和士气低落。他在痛苦中度过了将近一年时间却一无所获，他希望自己在这场战争刚刚打输的时候就破产。

我知道我曾说过："如果你认为有解决方案，那就一定会有解决方案。"但你必须解决一个真正的问题，而不是一个不可避免的问题。当然，你可以辩称我的这位朋友有一个解决办法——破产。但这种事情总是会发生的，再多的创造性思考也无法避免——以任何现实的或明智的方式都无法避免（他也许可以乔装打扮逃离这个国家，但那可能是相当激进的做法）。当只有一种可能的结果时，你需要认识到，这种情况并不需要解决问题的技能。这种情况需要韧性、诚实、自我意识，可能还需要勇气。不要欺骗自己，以为还可以心存侥幸。

这种情况需要韧性、诚实、自我意识，
可能还需要勇气。

法则 052

收起凌乱，结要一个一个解

很多技巧型思维的出发点是在你的头脑中清楚地定义你在做什么。凌乱型思维是大忌。因为在最好的情况下，凌乱型思维没有效率；在最坏的情况下，凌乱型思维会给你带来很多麻烦。当你在思考解决问题的方法时，这种观点尤为贴切。

你必须确切地知道问题是什么，以及为什么需要解决。假设你要去度假，你把全家的行李都装进了车里，锁上了前门，准备出发。然后，让你极度沮丧的是，汽车发动不了。你打算如何解决这个问题？

等一等，这个问题指的是哪个问题？我可以看到两个关键的问题：一是汽车坏了；二是你应该在别处度假。如果你认为你正在解决第一个问题，那么你会拿出工具，打开引擎盖，或者打电话给车辆修理店。问题可能会马上得到解决，也可能你需要的零件最早明天才能到。所以，你必须打电话给周围的每个人和任何可能有能力帮你修车的人，并且打电话给你的度假地接待员，把你的行程推迟到明天或后天，然后把行李卸下车，去购物（家里没有食物，因为此时此刻你不应该在家里）。

或者，你可以解决第二个问题：你现在在家里，而你本应该在别处度假。在这种情况下，一旦你确定汽车不能很快修好，你就需要专注于去度假的其他途径，假期正在等着你呢。你在度假结束回家后可以把车修好，到那时你需要的零件应该已经到了。或者，甚至在你不在的时候，让别人帮你修车。现在，你租得起车吗？也许你可以借一辆车？你到达目的地之后还需要车吗？你可以坐火车或长途汽车吗？你现在遇到的问题完全不同了。

你需要解决的问题取决于你自己，但是，如果你没有好好思考，怎么能确定你解决的是正确的问题呢？很多问题都以这种方式变得混乱——几个小挫折或小问题合并成一个大问题。找到对你有效的解决方案的唯一方法就是非常清楚地解开这些结，看看哪个是你真正需要解决的问题，或者至少是你首先要解决的问题，顺带也解决一些其他的问题，或者创造更有利的条件去解决问题。

当一组问题中有一个问题迫在眉睫时，其他的问题可能会被搁置。汽车坏了，我们的本能是必须尽快修理，在我们解决这个问题的时候，其他的事情都被搁置了。然而，如果你意识到几天都不需要这辆车，那么，不能在几天内把车修好又有什么关系呢？

凌乱型思维是大忌。

法则 053

开展头脑风暴，打破僵化思维

我记得，在一次小组讨论中，我们开展“头脑风暴”集思广益，让员工们感受到了被人赏识的共鸣。当然，头脑风暴的出发点是所有想法都是受欢迎的。但小组中有一名成员差不多对一切建议都做出了否定的回应。他最喜欢的表达方式是“那不行”和“我们以前一直都是这么做的”。当我问他自己的想法时，他却没有任何主意。

这位组员的表现让我印象深刻，因为这是我见过的僵化思维的最极端案例。这位同事只是无法超越他目前的思维定式，无法想象他从未真正经历过的解决方案。他和其他人一样热衷于认可我们的员工在艰难的一年里付出的辛勤工作。并不是说他不同意这个目标，但他的思维是如此僵化，以至于无法摆脱对事情应该如何发展的先入为主的看法。

如果你真的想成为一名思考法则玩家，那就不可以像他那样。你必须放手、放松，拥抱变化、差异和新想法。当然，并不是所有的方法都可行，但你必须对那些可行的方法持开放态度。

我向你保证一件事。如果你只做你以前做过的事，那么你将一事无成。你会停滞不前，被过去束缚，只会例行公事。在最好的情况下，僵化思维只是关闭了无数使事情变得更好的可能性；在不好的情况下，僵化思维会阻止你找到摆脱困境的方法。无论你的问题是经济上的、人际关系上的、生活方式上的还是工作上的，你都不能让僵化思维来限制自己。

世界在变化。你今年在工作或家庭方面的压力将与去年不同。因此，旧的解决方案不仅不再是最好的，而且可能根本不再可行。50年前，如果你急需向某人传递信息，就会给他们发一封电报。但是现在，那肯定不管用了。然而，幸运的是，一些乐于接受新想法的创新人士出现并发明了短信。

嗯，我承认，这是支持我的观点的一个极端案例，但我们不是一夜之间从电报转向短信的。有些人抵制技术变革的时间比其他人更长，他们想继续做他们一直在做的事情，结果他们慢慢地落后了。直到最后，他们不得不改变自己的做事方式。但我们不想成为最后一波赶上进度的人。我们想在行业中处于领先地位，以最佳途径解决问题，但这里的最佳途径不是在我们以前使用过的有限途径中选择的最佳途径。我们希望拥有一组完整的选项，没必要限制自己。

所以，从现在开始，禁止说“我们一直都是这么做的”之类的话，无论是大声说出来，还是只在脑海里想想，都不可以。如此，你就可以抵制那种僵化的、不灵活的思维，因为这种思维使你无法有效地解决问题。

我们想在行业中处于领先地位，以最佳途径解决问题。

法则
054

不要满足于第一个方案

大多数问题都有不止一个解决方案。如果我穿着外套，天气变热，我开始出汗，那么我可以剪掉外套的袖子，让自己凉快下来。这是一个方案，但并不是最好的方案。如果我再多想一会儿，可能会选择把外套脱掉。

你的财务问题，或者你的工作困境，或者你和你的孩子一直在争吵的窘境，或者你妈妈不能再独自生活的问题，都有不止一种解决方案。最好的不一定是你最先想到的。

请注意，你想到的第一个方案真的很有用。我之前提到过，有一个备用方案对于减轻压力是极好的，它可以解放你的思想，让你更容易进行创造性地思考。所以，一定要记下你想到的任何解决方案，直到更好的方案出现，即使那个更好的方案也只能成为新的备用方案。

听着，为你的问题想出一个绝好的方案可能需要时间。不要指望好方案会立刻出现，否则你会认为即时的方案是最好的。这就有点混日子的意思了。每次遇到困难时，你都会选择一个足够好的选项，仅此而已。你真的想这样生活下去吗？你认为这就是通往成功和幸福的道路吗？

当然，如果你遇到的是一个小问题，那就没那么重要了。但请记住，我们正在养成良好的思考习惯。如果你训练你的大脑每次都以最好的方式思考，它就会在真正重要的时刻以最好的方式思考。最好的思考方式可以产生最好的结果，而不是最快的结果。

那么，你怎么知道找到了真正的最佳解决方案呢？这不是三言两语就能说清楚的，但我可以给出一些建议。你正在寻找一个正确的选项，这不是多项选择题，你只要找到那个最重要的选项。例如，当你考虑如何照顾年迈的母亲时，她的幸福（我希望）是一个必要的选项。不能解决这个问题的解决方案是无法达标的。你需要一份清单（精神上的或物质上的），列出一个好的解决方案的基本组成部分，然后挑选出最可行可取的部分。

请采纳这个原则：无论你想出什么解决方案，都要对自己说“这是一个良好的起点。现在我该怎么办呢”。换句话说，把每一个想法都看作是起点而不是终点，总是想办法把你的第一个想法发展成更好的方案。假设第一个想法还有改进的空间，别任由这个想法把你赶进思维的单行道。记住，可能还有其他的想法和其他的出发点会把你带到一个不同的方向，这些也值得考虑。

如果还有改进的余地，那第一个想法就不是最佳解决方案。

有时候，如果你足够幸运，就会知道何时能找到正确的解决方案。尽管这可能感觉像是本能反应，但你的直觉会被你之前的想法所启发。这就是你识别正确答案的方式。

把每一个想法都看作是起点而不是终点。

法则 055

创意不问出处，合理的就是值得的

如果你能解决一个挥之不去的烦人问题，那么，你的想法来自哪里并不重要。所以，不要限制自己的思维。当然，你自己会做很多思考，也可能会问专家，或者会经常问那些值得信赖的同事、家人或朋友。记住，要避免墨守成规是非常困难的，你和我并不是唯一陷入思维陷阱的人。你最好的朋友，你的老板，你的伴侣，你的同事，你的母亲——他们也在以自己的方式思考。

假设，每当你被问题困扰时，你总是征求伴侣的意见。这确实会帮助你摆脱个人的思维定式，但它只会把你推入别人的思维定式。现在你有两种思维模式了。是的，两个总比一个好。但你应该彻底摆脱固有思维。你想要自由放飞、视野广阔、富有想象力，你希望你的思想可以自由驰骋。如果你只用两种思维方式思考的话，就很难得到这样的结果。

我不是阻止你和你的伴侣交流。他的优势在于很了解你，知道什么可能适合你，无论是在现实中还是在情感上，他都会给你帮助。但这也会妨碍他进行思考。他倾向于无意识地修改自己的问题或建议，因为他认为自己已经知道答案了。

所以，你可以去你经常去的地方寻求支持，但也需要去不同的地方寻求支持，因为那样你可能会得到最意想不到的结果，让你跳出常规，进入新的、富有想象力的思维世界。

别人的建议很容易被你忽视，因为这些建议与你的常规方法截然不同。但这是件好事。虽然这些建议需要一些开发、调整、改编或编辑，但也代表了一种看待问题的全新方式。这不正是你想要的吗？想必你的方法并不奏效，否则你也不会走到这一步。所以，当有人给你一个你从未想过的方案时，请欣然接受。否则，你为什么要去征求别人的意见呢。不要让自己觉得“这是一个笨点子”。你要这样想：“嘿，也许我可以采用这个建议。我很高兴自己征求了他的意见。”

好答案可能来自任何地方。有一次，我被一本书的封面设计困住了，所以我咨询了一个 5 岁的孩子（刚好有一个小孩子跟在我后面，我想我应该好好利用一下）。他说出了一种简单直接的方法（你可以说是孩子气），并提出了一个鼓舞人心的创意，帮我跳出了困境。

伊莱亚斯·豪（Elias Howe）发明了缝纫机。他为这个设计奋斗了多年，最终，他从睡梦中得到启迪而解决了关键问题。他不是在梦里寻找答案，而是意识到了梦境就是解决方案，于是他抓住不放。最关键的是要对所有的想法持开放的态度，不管你是在网上找到的、在酒吧里无意中听到的、从小孩子那里知道的，还是在你睡觉的时候梦到的，照单全收。

当有人给你一个你从未想过的方案时，

请欣然接受。

法则 056

找个切入点，不必从头开始

我是从本书的中间开始写的。正如大家可能知道的那样，无论你对主题多么熟悉，你都需要时间来进入写作的思维空间。我本可以从序言入手，但我往往写完一本书才转过头去写序言，这样我就知道我要介绍什么了。我应该从法则 1 开始本书的写作。但那天，法则 1 并没有吸引我，我知道最重要的是要开始行动，并投入其中。所以，我选择了一条我感兴趣的法则，并从那里开始。

有时候，你试图进入正确的思维空间。无论你是在写书、策划活动、找房子、设计产品还是写报告，最大的问题可能是要搞清楚从哪里开始。

这往往会导致僵局和拖延的出现。你不知道如何开始，所以你根本就没有开始。过了一会儿，你又遇到了第二个问题。时间就这样悄悄溜走了。因此，现在你无法开始，而且最后期限迫在眉睫。额外的压力当然是无益的。

我不确定我是否相信写作障碍。我认为这不是降临在创造性思考者们身上的一种折磨，他们别无选择，只能等待困难期过去。我怀疑这是思想贫乏的结果，我当然也是这样的人。作为一名作家，你可以奢侈地管理自己的时间，这样你就可以声称没有灵感。我没有看到很多中层管理人员在写不出一份重要报告时声称自己有写作障碍，但他们逃不掉写作障碍的折磨。

无论你是作家、经理还是其他人，当你面临一项难以进行的重大实践时，最好的办法就是换一种方式思考。你不必从头开始读一本书。你可以从任何你喜欢的地方开始阅读。其他事情也是如此。当你对项目没有信心或不了解时，问题往往会变得更糟。所以，选择一个让你感觉舒适或可以坚定你的信心的切入点，然后开始。也许你以前从未组织过大型活动，但至少你能想象出那些庞大的场面。很好，从这里开始，让其余的部分从这一点展开。你被一个重要的报告困住了？如果结论对你有帮助的话，先计划好你的结论；或者如果视觉操作是你的强项的话，考虑一下你想要使用的视觉效果。

一旦你正式投入到项目中，你就可能回过头来修改、删除、编辑、移除你开始的那部分内容。没关系。那部分内容已经完成了自己的使命。这并不是白费功夫，因为不管最终剪辑时那部分内容是否还保留，你都能很好地进入状态。

你不必从头开始读一本书。
你可以从任何你喜欢的地方开始阅读。

法则
057

给潜意识一个空间，还你思路豁然开朗

不管你的思想多么自由，你多么成功地摆脱了陈规，总会有某些问题的解决方案似乎并不唾手可得的时候。你已经尽你所能地集中注意力了，但似乎并没有起作用。如果是这样，那就举手投降吧，请先远离这个难题。

我偶尔喜欢做填字游戏。但我不太擅长这些，其中一个原因是我天生不是一个有耐心的人。我会被一个线索卡住一两分钟，然后转而决定去做其他事情了。不过，有时候，我可能会在夜晚再次回到填字游戏中[一]。我经常惊讶地发现，当我再次看到一个曾卡住我的线索时，答案会立即出现在我的脑海中。我不是大脑专家，我不能确切地告诉你为什么会发生这种情况，但它确实发生了。

你的问题可能比填字游戏的线索要大得多，但你的大脑仍然

㊀ 我可能没有耐心，但我也不喜欢被打败。

可以做同样的事情（不管那是什么），并在你不注意的时候下意识地解决这个问题。所以，给它一个机会吧。你在觉得自己陷入了问题的泥潭时，不要有意识地去想这个问题。

思考法则不仅仅是关于有意识的思考。将思考法则应用到你的潜意识中是比较困难的，但你至少可以认识到，潜意识需要空间去做自己的事情。关键的是，你要知道什么时候让潜意识介入思考过程。

要想放下一个问题，停止担心它，专注于其他事情，并不总是那么容易。问题越大，这种方法就越适用。想要停止思考“把浴室刷成什么颜色”并不难，但想要摆脱对重要问题的烦恼，则是完全不同的事情。另外，浴室又不会移动，没什么好担忧的，但任何与迫在眉睫的最后期限有关的问题都是难以忽视的。

有时你需要让自己从问题所在的环境中解脱出来。你可以出去度周末，甚至去度个假。远离那些喜欢翻旧账的人——同事、家人、朋友。有时他们的支持很好，但他们不能帮你理清思路。

当你回来的时候，我不能保证你的问题会神奇地自行解决，但你会惊讶地发现，换一个新思路，你可以看到出路，或者至少确定哪些路径是真正的死胡同，哪些是值得探索的康庄大道。

有时你需要让自己
从问题所在的环境中解脱出来。

法则 058

尝试一个新的角度

你试过集中注意力，也试过不集中注意力，但问题还是存在。这种情况确实发生了——如果这很容易，一开始就不会成为问题。那么，接下来怎么办呢?

嗯，无尽无休！接下来你可以尝试任何东西，但要遵循一条法则：必须是你以前没有尝试过的东西。你之前尝试的事情都没有成功，所以，你应该选择一些不同的事情继续前进，最大限度地增加到达新目标的机会。

你的目标是激活创造性思考，这样你就可以创造性地解决问题。所以，你可以做一些有创意的事情。比如，画出你的问题。哎呀，我也不知道它长什么样！但那不重要。不管怎样，画出来就行了，画出来的问题看起来肯定和之前不一样，这就是我们所追求的效果。另外，你的创意会让你与众不同，所以这一定很好。请注意，如果“把问题画出来”能成为一种习惯，那就有可能变成一种惯例，而我们不喜欢这样。所以，如果画出来不起作用，不如把问题唱出来，怎么样？你是谱写自己的旋律，还是使用现有的旋律，这取决于你。

当然，你可以强迫大脑以新的方式处理事情，你要不断地给自己惊喜。因此，根据问题的性质、你的情绪、你上次尝试的方法、你抛硬币的结果，你要确保自己使用了各种各样的技巧。

我的一个朋友住在公园对面，他喜欢一边在公园里散步，一边自言自语地讨论以解决棘手的问题。我曾看到他四处踱步，沉浸在自己的思考中，疯狂地做着手势，而他十几岁的孩子们则蜷缩在窗帘后面，绝望地希望没人会看出那是他们的爸爸。把一个问题大声地说出来是非常有效的方法，在公共场合也是可以这样做的。除此之外，它还能让你的思维放慢到说话的速度，这是一个很有帮助的变化。

你也可以和自己争论。唱反调，试着说服自己采取不同的选择。这并不是说你一定要遵循这些思路（当然，你可能会说服自己这样做），但你必须重新构建你对这个问题的看法，从不同的角度来看待问题。

还有一种有助于将变化与某些问题联系起来的方法，那就是使用“思维导图”，即全脑思考式思维的视觉表达形式。对于那些不知道如何开始或从哪里开始的人来说，这尤其有用。思维导图非常有用，它可以让你从任何地方随机开始，并再次帮助你从视觉和概念上专注于问题本身。

你要不断地给自己惊喜。

法则 059

把恐慌扼杀在摇篮里

恐慌带来了两个问题。首先，你会感觉很可怕。其次，它会干扰你的思维过程，让你很难有创造力，甚至很难保持理性。从本质上讲，恐慌占据了你的头脑，把其他一切都推到了一边，当你面临巨大的情感或财务问题时，这是你最不需要的事情。一旦你开始恐慌，你就会迷失方向，直到你能重新控制局面——不管这需要几分钟还是几周的时间。

抵制恐慌并不是容易的事，是吧？恐慌模式有时看起来十分诱人——“来呀！我不在乎！为什么不直接毁了我的生活。”陷入恐慌之后，你就会放弃任何解决问题的尝试，从而产生一种释然的感觉。然而，这种感觉迟早会让位于痛苦，因为你失去了更多的时间，你屈服于徒劳的行为，而问题仍然存在。所以，你首先要知道如何拒绝恐慌。

拒绝恐慌要比控制住自己容易得多。越早发现并解决恐慌，效果就越好。阻止一场全面爆发的恐慌是有可能的，何必让自己的生活更艰难呢？把恐慌扼杀在萌芽状态更有意义，要做到这一点，你需要有自我意识预见它的到来。

嗯，所以现在，你要跟自己来一场坚定的“会谈”。首先，提醒自己，其实你并不想恐慌。接下来，重新进行自我对话。让你的情绪远离恐慌，不要允许任何“这没用”或“我是个失败者”之类的想法潜入，因为这等于是你的情绪把你引向了恐慌。所以理智一点，不要让恐慌情绪暴露出来。你并不是想马上解决问题，所以，暂时不需要处于一种创造性的思考状态。只要避开恐慌，回到一个你可以取得进步的地方。

重新组合你的思维吧。仔细想想——也许可以写下来——问题到底出在哪里。阐明这为什么就成了一个问题。比如，你没有足够的钱，你要考虑缺钱会导致什么具体的问题：租金逾期，你负担不起汽车的修理费用，你支付不起孩子的新校服。现在依次考虑这些问题。通常情况下，即使无法删除复杂的问题，也可以把复杂的问题简单化，途径就是选择可以处理的元素或提供有所帮助的切入点。在任何情况下，每个单独的问题看起来都比整个问题更容易处理。

想想你已经走了多远，任何行动——无论多么小——都有帮助。注意那些不是你真正想要的，但总比什么都没有好得多的解决方案，也就是备用方案。记住，这些问题会自行解决。无数人在回首往事时会说，5 年或 10 年前，他们无法走出破裂的婚姻、噩梦般的工作或财务危机等阴霾，但他们现在依旧活力满满，这些事情现在已经成为过去。你要学会安抚自己，即使你现在看不到解决办法，将来也会有办法的，即使这个办法暂时会有点混乱，也是可以理顺的。

拒绝恐慌要比控制住自己容易得多。

法则
060

在自己不擅长的领域寻求帮助

有些人就是不喜欢寻求帮助。或者更确切地说，我们大多数人在某些时候不喜欢寻求帮助。就我个人而言，我很乐意找人帮忙组装平板家具，但我讨厌找人帮忙看地图。这是因为我讨厌组装平板家具，我不在乎谁知道我请人帮忙了，但我总认为自己擅长看地图，我不想承认自己在这方面有任何弱点。

我说的弱点，当然不是真正的弱点。这只是我的看法。[㊀] 如果我像我自己认为的那样优秀，而我参加定向越野赛跑时需要帮助，那肯定是一件非常丢人的事。事实上（我的家人会告诉你），我并没有自己想象的那么好。我非常擅长查看纸质地图（传统的地图），但我倾向于认为我已经记住了路线，所以我把地图扔到一边……然后，当地图上的路线看起来不像我预期的那样时，我就会迷路。

㊀ 我知道自己的弱点在哪里！但我就是不想求人！

这都是关于自我形象和认知的问题。所有人都乐于在自己不自以为擅长的领域寻求帮助。当我的车坏了，我会很乐意把它送到修车厂，因为我知道自己不是专业的机械师，我也不指望别人会修车。然而，如果我在写作中遇到困难，我不喜欢表现出来，因为我讨厌别人认为我不知道自己在做什么。[㊀]

如果你正在努力自己解决一个问题，唯一合乎逻辑的做法就是寻求建议。所以，你必须克服你在某种程度上承认失败的感觉。这实际上没什么不好意思的。你不会指望政府不征求意见就采取行动，也不会指望一家跨国公司不接受任何建议就进入一个新的领域。那么，为什么要期望自己抚养孩子期间从不征求别人的意见呢？

然而，无数的父母都认为自己是称职的好父母，认为如果他们向邻居“取经”，他们就是在向邻居宣扬他们无能。邻居们可不这么看。

听着，能够征求意见是一种优势。认识到“三个臭皮匠顶个诸葛亮”，这本身就是一种技能。当你的问题需要解决时，你仍然拥有最后的拍板权。你也不会瘫倒在地，啜泣着告诉所有人，你应付不了。你正在与一位同行的专家交流，以便你们能共同分享想法。如果你是一名汽车修理工或计算机工程师，无法解决某个特定的技术问题，你会不会去问问其他工程师，看看他们有没有什么想法或经验可以帮助你？会不会出现新的生机呢？

你曾经使用过的所有技能——烹饪、安装软件、抚养孩子、

㊀ 举个简便的例子。当然，这种情况永远不会发生。

任命员工、包装礼物、安抚愤怒的顾客——都可以归为三类。第一，你乐于寻求帮助，因为你认为自己在某方面并不娴熟。第二，你永远不需要帮助。第三，其他的可能性——介乎“尚可接受”和“绝对优秀”之间。要诚实地告诉自己，在哪些方面寻求建议会让你感到不舒服，并提醒自己这是一种优势，而不是弱点。你想解决某个棘手的问题，而你又不能独自完成，这就是你需要克服的一个心理障碍。

所有人都乐于在自己不自以为擅长的领域寻求帮助。

第七章

一起思考

学会独立思考是一项挑战。当然，这是可以实现的，但不是不付出努力就能实现的。一旦你开始尝试与他人一起思考，挑战就会变得更加有趣。你不仅需要管理自己的大脑，也需要管理其他人的大脑。

当然，一起思考也有不奏效的时候，反而会令人沮丧、令人恼火、没有成效。我们都有过这样的经历。然而，两个或两个以上的大脑协调工作的效果要远远大于各部分之和，能成为一起好好思考的团队中的一员是一种乐趣。无论是你和你的伴侣，你和你的工作团队，你和某个社会团体，还是任何其他类型的人员组合，几个人的思想组合可以产生好的创意，并解决任何一个成员单独无法想到的问题。

我和其他人一起发现了一些很棒的想法，我们真的不知道是谁首先想到的，因为好像我们的思想几乎融合在了一起，通过某种结合而产生了这些创意。这就是你们所追求的思考方式——把你的思想和他人的思想结合在一起，从而产生让你们所有人都感到惊讶和快乐的结果。遵循下面的法则，你会明白如何做到这一点。

法则 061

你们在一起会更好

我的岳父是一个很有创意的人。我在为任何一个计划寻求建议时，无论是工作方面的还是家庭方面的，我都会经常向他讨教。一旦我们开始讨论一些事情，我们俩的想法就会源源不断地涌现出来，我总是发现这是非常有成效的。在谈话结束时，我有时会对他说："如果你之后想起了什么，就喊我一声。"他总是回答说："不会再想起什么了。"

我得说，在我认识他这么多年里，他一直是对的。他后来从来没有给我打电话说："我又有了一个想法……"他并不是想刁难我，只是知道自己的思想是如何运作的。他的最佳思维方式是激发他人的想法，而在这个过程中没有产生的任何想法，以后也不会出现在他的脑海中。

这并不是说他没有自己的原创想法，相反，他从未停止过创造性思考。然而，这些想法是他自己的，而不是我的，此外，他还会想让别人来讨论，让这些想法变得可行。为了达到这个目的，他经常和几个人交谈，每次他都会挑选最合适的人。

根据我的经验，很少有人能够在没有他人参与的情况下就把处于萌芽状态的想法升级为成熟的想法。当我们一起思考时，几乎所有人都能更好地思考——至少在产生想法时是这样。别人可以打破你的思维窠臼，让它走上一条新的道路，而你也可以为他们做同样的事情。有的人可以帮助你以全新的方式思考，你要知道你是可以做到的。

当我第一次为《工作：从平凡到非凡》（本系列的第一本书）谋篇布局时，我只有一个标题和一个关于本书轮廓的模糊提纲。我没有在头脑中进一步拓展这个想法，而是立即与我的编辑们讨论了这个想法，我们一起为这本书，乃至整个系列，建立了"法则"概念。老实说，我不记得谈话是怎么进行的，也不记得是谁提出了哪些建议，我相信他们也不记得了。我只知道，当我们完成的时候，我们已经有了一个完整的想法，这比我自己想到的任何东西都要好得多，或者比他们单独想到的任何东西要好得多——我想他们会同意这种说法的。

你现在应该明白，询问谁很重要。当然，你可以和不止一个人交谈。你可以单独和他们交谈，也可以一起和他们交谈。你需要知道与谁谈论哪种想法或问题，也许还需要将更多的人加入你的"顾问"名单。不同的人可能对不同的项目有用。

随着时间的推移，我慢慢得知，原来人们都喜欢别人征求他们的意见，他们喜欢讨论各种想法——至少那些擅长讨论的人是这样。当我问是否可以向他们讨教，因为他们的想法对我很有价值时，从来没有人拒绝过我。他们通常会感到受宠若惊（这是理所当然的），并享受谈话的过程。那你为什么不询问呢？

别人可以打破你的思维窠臼。

法则 062

发挥每个人的长处

你玩过密室逃脱游戏吗？这是付费游戏。你和一群人被关在一个房间里，在一个小时内解决一系列谜题，最终打开那个房间的门。几年前，我和我的四个家人在赫尔辛基玩过一次。当时我们都不知道会发生什么，所以我们只是在组织者提供的一些策略性线索的帮助下才完成了解谜游戏。为什么我们没有做得更好？我告诉你吧，因为我们完全没有像一个优秀的团队那样思考。

我要辩护，我要重申，我们不知道这种游戏的任务模式。如果我们用不同的方式来做任务，我相信我们会做得更好。结果，我们都全身心地投入到相同的任务中，并试图解决我们接下来遇到的任何一点难题。

我们应该在开始之前就达成一致，任何有关逻辑或数学的问题都应该立即交给我的女儿，她应该放下她正在做的任何其他事情，因为这是她擅长的领域。我的大儿子应该负责任何真正令人困惑的谜题（当我们不知道我们需要做什么的时候），因为他是一个横向思考者。他需要独自一人去做这件事，除非他请求帮助，所以这也应该是一条法则。我的小儿子应该被安排去做一些恼人的任务，因为他不会感到压力，而且他可以很好地帮助另外两个孩子思考。我的妻子应该被任命为项目经理，因为她的头脑天生就很有条理。[一]我不知道我应该做什么。也许我该躲远点儿，或者只是让每个人都保持乐观和积极情绪。

整个密室逃脱游戏充满了需要思考才能解决的任务。这几乎就是你所要做的（除了偶尔打开一个盒子之类的）。当涉及我们的思考方式时，我们都有不同的优势。这本书是关于学习不同的思考方式，让你的思考方式更有规律、更有创造力、更健康，还可以扩大你的思考技能范围。但是，无论你学会了多少良好的思考习惯，你总是会有相对的优势和劣势。当你和别人一起思考时，如果你充分利用你的优势，就会得到最好的结果。

说实话，我们在密室里吵了不少架。我是说，这是善意的争吵，但在倒数计时的时候吵架，那就毫无必要了。这在很大程度上是因为我们不仅没有利用自己的优势，也没有正确地认识到对方的优势。当你知道自己在某件事上是最擅长的那个人，但没有人想过让你做这件事时，你会感到沮丧。

[一] 这样还能让她保持甜美形象。

所以，这条法则不仅仅是关于发挥你自己的优势，还包括认识到别人的思考能力并加以利用。当你把这条法则写下来的时候，你会觉得它很明确，但回头想想，你会惊讶地发现它常常被忽略。

你总是会有相对的优势和劣势。

法则
063

多运用群体思维

这条法则沿袭了上一条法则。我认识很多人，他们的心智能力让我敬畏。这些人的思考过程如闪电一般，或者可以凭直觉解决问题，或者像打开水龙头一样产生无数个想法，或者能够理解非常复杂的逻辑概念，或者可以在头脑中计算出大量数字，或者可以进行横向跳跃式思考，或者可以清楚地看到道德罗盘指向哪里。

我曾与这样一些人共事过，他们思维缓慢，善于分析，呈现的事实和数据远远超出普通人的视角。这些都是我个人觉得有些沮丧的事情。然而，重要的是要认识到这些思考方式有其一席之地，有时可能比我提供的任何东西都更有价值。

当你与一群人在一起工作、一起思考的时候，试着把群体思维看作是由某种蜂巢式的复合型大脑产生的。你们每一个人都是一个庞大思维实体的一个单元。你们承载着团队所需的一切思维能力。

即使当你独自一人时，你也会把自己个人思维的不同部分带到你正在做的事情上。当你做饭和记账时，你使用的不是大脑的同一部分。你在处理孩子的情绪爆发时激活的神经元和你读报纸时激活的神经元，不会在大脑的同一个部位。你需要所有的技能、功能、神经中枢，但不是一下子全部用到。

你的同事总是关注细节，你的朋友总是没完没了地想了解事情是如何运作的，而你只是想知道他们能为你做些什么。当一个重要的团队项目来临时，你正忙着产生想法，或统筹安排，或统计数字，或做任何你喜欢和擅长的事情，思维的蜂巢也需要有人能够可靠地关注细节，或了解事情的实际运作方式。

所以，要有耐心，要宽容，要努力理解群体中那些与你思维方式不同的人，甚至赞赏他们。因为没有他们，思维的蜂巢就无法在任何情况下都能正常运转。所有的思维方式都有自己的位置，什么时候需要哪种思维方式取决于整个团队。

你们承载着团队所需的一切思维能力。

法则 064

把自我放一边，开心就好

一个有效的思考者团队应该倾听每个人的想法。然而，他们不可能永远“不打退堂鼓”。当你开始思考时，不可避免地会有一些想法半途而废。有些想法会发展成新的东西，所以你根本认不出这些想法最初的样子，但你需要最初的想法来帮你得出理想的结果。

如果你在寻找一个答案，而你有 100 条建议，那很好，但最终其中的 99 条不会在最终结果中占据重要地位。这是常识。然而，如果这 99 条建议中有一条是你的建议，你会感到沮丧。更令人沮丧的是，如果只有两条可行的建议，而没有被使用的是你的那条建议。

感到沮丧是很自然的，也是徒劳的。记住，你是群体思维的一部分，集体的责任高于你个人的感受。即使你觉得你的想法没有得到充分的倾听或适当的考虑，也得学会妥协。我对此表示同情，但只有每个人都把自我放在一边，这个团队才能充分发挥群体思维的能力。

一旦你开始感到怨恨，你就有可能收回你的才能，不想完全支持团队计划，甚至私下里希望别人的想法会失败。当你这样做的时候，你就创造了一种场景——团队没有你实际上会更好。你从团队的骨干变成了彻头彻尾的差员工。你的思维能力可能会在未来某个时间非常有用，你需要处于最佳状态，否则为什么要成为团队的一员呢？

所以，如果你没有完全支持团队计划，团队就会错失良机，你也会与成功失之交臂。是的，就是这样，因为成为团队的一员是一种很棒的感觉，如果团队合作良好，团队取得的成就远远超过你一个人的才能和努力。如果你愿意的话，总有其他的贡献机会。

当你和别人一起思考的时候，你们都必须在前进的大方向和行事方式上达成一致。这使你们能够创造协同效应，使群体思维变得强大。你必须相信这一点，否则，一起思考就没有意义了。这意味着你们（不仅仅是你）必须把自我放在一边。不妨注意一下，该小组有多少成员的想法和建议同样没有得到采纳，所以你不必抱怨。

听着，一个没有被实践的想法并不一定会浪费你的思考空间。它会激发创造性的情绪，甚至可能在不知不觉中成为点燃其他想法的火花。它也可能帮助团队识别那些不可行的想法（我说这话是出于好意）。这并不意味着不可行的想法就是无用的坏主意。所以，不要发脾气。你要开心，因为你已经尽了自己的职责。

你必须相信这一点，

否则，一起思考就没有意义了。

法则 065

留意那些沉默寡言的人

无论你是这个团队的领导者，还是处于其他什么职位的成员，都可以确定，让这个团队运转起来会让所有人拥有既得利益。否则为什么要加入团队呢？即使这是一个强制你加入的工作团队，团队的成功也将意味着你个人将更快乐。所以，你应在团队中发挥最佳作用。

有些团队成员是经过精心挑选的，每个队员的存在都是因为他们有相关和有用的技能。还有些团体是偶然组成的，例如，社区活动的组织委员会很可能由任何愿意投入时间的人组成，而不管他们能提供什么技能。同样，有些人被团队选中是因为他们的思维技能，比如可以产生想法、能解决问题、擅长分析、可以做数字工作，还有些人是因为他们的实用技能。

即使是那些热衷于做蛋糕或修理电脑的人也可能擅长思考。很多人（比如我自己）不会羞于拿出自己的两便士，我们会认为小小的捐赠就是大大的爱心。但并不是每个人都如此自信。然而，如果这个群体想要尽可能有效地思考，就需要每个人发挥自己的思考优势，而不仅仅依靠“上赶着”要提供支持的人。

所以，要时刻关注那些沉默寡言的人。有可能他们在这个阶段并没有什么贡献，但也有可能他们只是拥有团队正在寻找的想法或解决方案，并等待适合的机会说出来。如果他们没有足够的信心说话，整个团队都会错过机会。永远不要以为沉默的人无话可说。

当房间里有两个以上吵吵嚷嚷的人时，尤其要注意那些不爱发言的人。如果爱闹腾的人的想法和评论来回穿梭——即使它总是有趣和友好的——对于那些比较害羞的人，或者那些认为自己资历较浅或没有资格说话的人来说，也可能会让人望而生畏。然而，有时最敏锐的观察可以来自那些有眼光的人，因为他们没有被过去的经验所影响。

你的任务就是让这些人敞开心扉。征求他们的意见，支持他们有希望的想法，为他们说话腾出空间，确保他们被倾听。我曾与这样一个人共事过，他从来不曾发言，直到整个团队开始行动（有人树立了榜样，其他人都效仿）他才开口说话，结果证明他的意见对团队非常有价值，他有很多聪明的想法和敏锐的洞察力。我们在鼓励他说出自己的想法之后才从中受益。差点儿损失巨大！

永远不要以为沉默的人无话可说。

法则 066

群体思维也要容得下质疑

我曾经就职于一个非常有趣的工作团队，因为所有人都非常积极，对我们所做的事情充满热情。我们是彼此的好朋友，当我们在一起思考的时候，彼此就会产生美丽的火花。但我不得不承认，并不是我们所有的绝妙想法都像我们预期的那样成功。它们有时可能会有点失准和失误。

过了一段时间，我们把另一个人带进了小组。我们都很喜欢他，并惊讶地发现，尽管他通常是一个非常乐观的人，但我们提出想法时，他可能会非常消极。我们都会对某件事感到兴奋，而他往往会给我们的想法泼冷水。我们发现惯常的热情被压制了，有点儿泄气。

然而，过了一段时间，我们开始注意到另一件事，我们的命中率在上升。我们越来越多的想法获得了我们所希望的成功。你猜对了，这个新来的家伙的消极态度迫使我们更仔细、更现实地思考和计划，并帮助我们预测潜在的风险，采取规避行动。

加入一个所有人始终意见一致的群体不一定是一件好事。哦，太有趣了，你们可以互相拍拍后背，祝贺自己。会议都是令人愉快的，你们的想法越相似，你就会玩得越高兴。只是你们不是来找乐子的。你们进入团队是为了实现一个目标。如果你们都以同样的方式思考，团队拥有多个成员，只是为了激发彼此的火花和思想交融，那有什么意义呢？

如果你们作为一个团队想要有效地思考，就需要避免我们犯的那种群体思维的错误。有些团队，比如我们的团队，很自然地掉进了这样一个陷阱，因为队员们的思维都很相似。对于一些团队，这样做是因为达成一致的感觉是如此吸引人，以至于有一种潜意识的冲动来压倒其他的想法。无论哪种情况，群体思维的质量都会受到影响。

避免这种情况的最佳方法就是保持警惕。群体思维通常是在没有被成员们注意到的情况下发生的。每个人都认为他们一定是对的，因为他们都认同彼此。没有成员注意到集体会议已经陷入了“回音室效应”。

一旦你意识到发生了什么，并引起团队的注意，下一个阶段就是解决问题。最好的方法是改组团队，引入其他可靠的独立思考者，他们不太可能落入陷阱，至少现在你们不必提防。也许你还可以把团队分成几个小组，这样更容易建立新的模式。你也可以让某个人负责（或轮流负责）定期唱反调，挑战团队的集体想法和结论。

群体思维的质量会受到影响。

法则
067

积极的冲突可以有，但尊重是底线

这里有条法则，可以让你从上一个停止的地方继续研究。我们认为，如果大家大多数时候都想法一致、意见一致，那对团队是没有帮助的。因此，最有用的团队是那些成员们有不同想法且彼此意见经常不一致的群体。

你可以看到这里的风险。如果你召集了一群总是意见相左的人，如何做才能阻止每次会议都陷入尖刻、辱骂、愠怒、敌意，并导致团队功能失调和缺乏进展呢？真是讽刺！

所以，要避免所有人都意见一致的团队，也要避免所有人都意见相左的团队。那还剩下什么？别那么快下结论……我没说你们不能互相争论。但你们要做到高效辩论。团队必须找到一种表达分歧的方式，而不会导致更严重的问题。

要做到这一点，最佳方法就是让团队中的每个人都明白，如果他们不同意对方的意见，就得说出自己的意见，并且有必要确保团队的群体思维达到最佳状态。一旦你知道有人要挑战你的想法，并期待你去质疑他的想法，这就变得容易多了。只是，吵吵闹闹的场面可能会削弱团队的人情味儿。

团队内部必须有一些规则，而且从一开始就要把规则讲清楚，并不时地重申这些规则会有所帮助。你可以制定这些规则，但本质上应该包括以下内容：

- 评论无关私人恩怨。
- 你可以不同意某个想法，但不要打击提出这个想法的人。
- 不要扯着嗓门乱嚷嚷。
- 认真聆听每个人的观点。
- 这不是一场比赛（无须追究谁的想法“赢了”）。
- 不要感情用事。

如果尊重前面的几条规则，最后一条规则就会容易得多。事实上，“尊重”是这里的关键词，你们不必彼此喜欢，但你们必须相互尊重。

积极的冲突（注意，冲突不是矛盾）是你所需要的东西。这让一个强大的团队变得更好。受到挑战会让你变得更强大。当你的想法受到质疑时，你会更加努力地去证明它们的合理性，或者承认它们有缺陷。记住你们是一个蜂巢——整个团队的成功或失败都在一起，因为这是整个团队在同意或拒绝某个想法或行动。谁先提出这个想法并不重要。你可以允许自己私下拍拍某人的后背，但要确定没有旁观者。

即使你所在的团队制定了规则，也无法让每个人都有效地一起工作，那就必须重新调整：要么团队内部的人必须改变，要么有人必须离开，要么解散早已成为一盘散沙的团队。

你们不必彼此喜欢，
但你们必须相互尊重。

法则 068

来一场头脑风暴

头脑风暴是一种非常具体的团队思维方式。一般来说，你会在项目开始或有一个集体问题需要解决时开展头脑风暴。这是创意过程的早期阶段，需要一群人抛出尽可能多的创意。头脑风暴并不是要找到答案，而是为最终获得答案努力，创造出多个选项。所以，这只是思考的第一阶段。

在某种意义上，头脑风暴已被视为群体思维的经典方法。早在 20 世纪 30 年代，亚历克斯 · F. 奥斯本（Alex F.Osborn）就将其作为一种技术首次提出，尽管有人认为，在他完善这一过程之前，人们一定已经在做类似的事情几千年了。奥斯本是一名广告高管，他对下属们提出的想法很少感到沮丧，所以，他喜欢让队员们以团队的方式思考。

然而，他意识到，仅仅把几个人放在一个房间里并让他们大声说出自己的想法存在“硬伤”。于是，他提出了规则或指导方针，让头脑风暴的过程更顺利。这些规则之所以有效，是因为它们基于对大家如何最佳思考的经验理解。

奥斯本认为，如果你只设定一个需要解决的问题，并在会议开始前将其明确化和具体化，那么，小组的头脑风暴将最有效。例如，与其对如何销售新产品进行头脑风暴，还不如对如何产生销售线索或在哪里做广告进行头脑风暴。这意味着你可以把注意力集中在问题本身，而不是纠结于问题的含义。

头脑风暴的目的是提出尽可能多的想法以提供最大的选择范围。我们知道，更多的想法等于更多的好点子，所以数量是至关重要的。

为了获得最多的想法，其中一个原则是积极鼓励成员提出极端或疯狂的想法。这是一个小组活动，即使所有想法都不可行也没关系，因为它可能会激发出新的可行的想法。所以，在这个阶段，你不是在寻找可行的想法，而是在寻找大量的想法。

在奥斯本的思考原则中，我最喜欢的是禁止任何人对任何想法提出批评、判断、异议或负面评论。当然，那是后话了。这条规则非常重要，因为如果没有它的约束，队员就会倾向于自我审查以避免自己的想法受到评判。如果你知道你不会被批评，就会更愿意把脑子里的想法抛出去。

头脑风暴的总体效果是激发每个人的创造性思考过程，这样，大家就可以在一个“安全”的环境中产生大量的想法，也可以在彼此建议的基础上产生灵感的火花。

在过去的几十年里，人们想出了很多个人的策略和技巧来组织头脑风暴。其中一些非常棒，如果你喜欢，可以进一步研究和采纳。然而，你不需要超越奥斯本的原始规则来激发一群人的创造性和高效思维。

如果你只设定一个需要解决的问题，
那么，小组的头脑风暴将最有效。

法则
069

笨点子也可能成为好点子

永远不要低估你周围人的创造能力。头脑风暴如此有效的原因之一是一个人的笨点子可能成就另一个人的天才方案。如果你不把笨点子说出来，他们就永远没有机会把它变成可行的东西。

以我的婚姻为例吧。我和我的妻子是一个特别有效的团队。我倾向于提出一些稀奇古怪的建议。她没有立即拒绝，而是再三权衡，创造更有可能实现的好点子。我的建议可能代价昂贵、耗时或不切实际，她会让我的想法变得实用。

我给你们举个例子。我们很幸运，花园尽头有一条小河。唯一的缺点是河岸太高，你不费九牛二虎之力是下不了河的。这有点让人遗憾，因为孩子们还小，喜欢在水里划船。我先改进河道，并对小河的“馈赠”心存感激。所以我建议把河水重新引到一个平坦的地方，形成一个更容易进入的大循环。我的妻子正确地指出这将是非常昂贵的工程，需要相当大的努力，而且可能不起作用，因为天然水道可能是不可预测的。然而，她想了想，并想到了一个更好的解决方案：为什么不在河岸上挖出一小块土地，创造一个小“海滩”呢？完美！如果没有我，她是不会想到的。

导演们会告诉你，想要得到绝佳的表演效果，与其指导一个表现力不够的演员去尽情展示，还不如去调教一个表现力有点儿过火的演员。脚踩刹车减速要比脚踩油门提速简单得多。因此，看似极端或离奇的想法往往最容易变成好主意。

即使你认为别人可能会对你的建议持负面看法，你也必须拥有（或找到）提出建议的信心。在这种情况下，我喜欢引用这样一句话：“我有一个笨点子，但我要说出来，因为有人可能会把它变成一个金点子。”这有两个方面的原因：第一，你不必担心人们会因为你有一个笨点子而评判你，因为你已经清楚地表明自己认识到了这一点；第二，团队的其他成员可能会合理地考虑，你的笨点子具备了好点子的核心前提，而不是马上拒绝（希望他们不会，但谁知道呢）。

同样，要确保你周围的人知道他们总是可以发表“笨点子”，而不必担心受到指责，并确保你会认真倾听，看看你是否能把它们变成可行的好点子。

脚踩刹车减速要比脚踩油门提速简单得多。

法则070

保持同步不等于天天在一起

如果你是一个“一起思考”的团队中的一员，无论长期或短期，你们都不太可能把所有时间花在一起。你们可能在工作时间都在一起，但不太可能一直专注于团队合作。你们可能在同一个房间，但在做不同的任务。还有一些团队每周或每月只聚一个小时。

所以，你们会有分开的时间，也许会分开很长时间。在某种程度上，这是一件好事。很明显，这能帮助你们避免互相纠缠，而且在集体思考之后，剩下的时间你们可以用来消化吸收。有时候，主意、问题、议题、想法会在小组会议后出现，因为你们有一点独自思考的空间。这真的很有用。经常有人在群里留言说：“我一直在想……”你的大脑可能会在与其他人一起思考的兴奋中茁壮成长，但凡有一点平和与安静的时刻，它可能会更善于分析。

但你们仍然是一个团队。无论你们是在一个工作部门、一个组织委员会、一个家庭或一个项目组，当你们分开时，这个团体仍然以非物质的形式存在——会议间隙会发送电子邮件，做笔记，做研究，完成各种任务。这很重要，因为这样可以确认并巩固你们的团队身份。

当大家在一起的时候，你们会发挥出群体思维的最佳作用，但为了做到这一点，你们必须走进房间，继续上次在一起时没有完成的工作。从感觉上说，这是一个有凝聚力的团队，能够在头脑风暴、解决问题、做出决定或组织任务时激发彼此的灵感。你不想每次聚在一起都要从头开始学习如何适应群体思维吧。

听着，你必须时刻掌握这方面的信息。你必须确保团队感觉像一个团队，无论他们是否在一起开会。良好的沟通是至关重要的，可以确保你们仍然在一起，仍然朝着同一个方向前进。在每次会议结束时，你们可能会分配一些独立的任务，可以是思考任务，也可以是实际操作任务。重要的是，你们要保持联系，因为这能让你们彼此保持同步。

这不仅关系到队员们需要知道什么，还关系到他们需要如何感受。当你与团队成员单独进行沟通，可以重申团队的身份，提醒大家你们属于一个团队，并在任何可能出现的问题影响团队的合作能力之前及时解决它们。不要只与少数人分享你认为必须分享的信息。不定期地与每个人进行非必要的沟通，确保团队成员之间定期接触。

这不仅关系到队员们需要知道什么，
还关系到他们需要如何感受。

第八章

决策性思考

实际上，当你必须做出决定时，你的思维能力就会出现危机，尤其是那些重大的决定：换工作、搬家、花一大笔钱、和某人（你的伴侣、你的父母、朋友）住在一起、创业、组建家庭。能够足够清晰地思考以做出正确的决定是至关重要的。很多不太重要的决定仍然会影响你的生活质量，无论如何，当重大决定出现时，那些小决定就是很好的思考练习。

很明显，重要的是你要做出正确的决定。而且，更重要的是你对你所做的选择要有信心。这非常重要。你不太可能后悔你内心深处认为是正确的决定，而且如果你带着内在的自信去做这件事，那么换工作、搬家、结婚、上大学、找建筑工人或其他任何巨变给你的压力都会大大减轻。

事实上，只有你才能为自己做决定。你可以从朋友或专家那里寻求任何建议，但最终这些重大的抉择总是带有只有你才能理解的情感和主观成分。所以，如果你要做出一个你真正有信心的决定，就必须能够自己思考这些事情。下面的几条法则可以帮你做到这一点。

法则 071

决定你要做什么决定

这条法则怎么像废话！不，等一下。事实上，人们很容易做出错误的决定。通常这是因为我们陷入了只关注手段而不关注结果的陷阱。我和这样一个人共事过，她非常确定她想辞去目前的工作，做自由职业者。我们就这件事谈了很久。她不开心，觉得自己单干可以避免她作为雇员遇到的问题。然而，在我们交谈的过程中，很明显，她并没有充分考虑到自由职业者的深层含义。当她仔细琢磨这个问题时，她意识到自由职业带来的不安全感真的不适合她。最后，她决定继续打工，但要转行。你看，她最初关注的是一个错误的决定，即她应该成为自由职业者，而不是从根源上思考如何摆脱一份没有成就感的工作。

做出决定和解决问题一样很容易犯错，甚至可能导致一些糟糕的结果。想象一下，如果我的同事按照她最初的计划去做，会怎样呢？在意识到自由职业是个错误的选择之前，她可能已经焦虑和郁闷很久了。

那么，如何避免做出错误的决定呢？最简单的方法就是模仿三岁的孩子，不停地问“为什么”，直到你找到了问题的根源。无论你是在选择一所大学、任命一名新员工，还是扩建一所房子，都要不断地努力，直到找到问题的症结所在。

好吧，假设你正在为申请哪所大学犹豫不决。你一开始为什么想上大学？可能的原因比你最初想象的要多。你想了解一些让你着迷的东西吗？或者，你想获得一个能打开某一特定职业大门的学位吗？或者，你想花三年时间在某个有趣的地方，让你慢慢成熟，然后决定下一步要做什么吗？还是你有别的什么想法？莫非这些统统都是你考虑的因素？你应该明白，在你明白自己为什么想要学习之前，你不可能知道自己想要在哪里学习，或者申请哪门课程，甚至你可能还没弄清楚你是否真的想要去学习。

你可能出于以下几个原因之一想要自己创业：你想要更灵活的工作时间，或者你不喜欢为别人工作，或者你认为自己单干会赚得更多，或者你找不到工作，或者你对一个产品有一个特别好的想法，或者你一直想拥有一家书店，或者你想成为一名摄影师，或者你热衷于从事污水处理工作。你要再次深入研究这些问题，并不断地问自己“为什么”，直到你确信自己已经找到了这个决定的基础。

这个思考过程本身是至关重要的。在接下来的几条法则中，你会发现，除非你做出了正确的决定，否则你将在后面的思考阶段苦苦挣扎。

不停地问“为什么”，直到你找到了问题的根源。

法则

072

要从第一步开始做决定

很多时候，我们大多数人都喜欢从第二步开始做决定。你想换工作，问题是你应该找什么样的新工作呢？或者，你需要搬到更大的地方去住，但要搬到哪里呢？或者，你要上大学，但要申请哪门课程呢？

这些似乎都是你给自己设置的合理挑战，但你需要从第一步开始。也许第一步仍然会通向第二步，但你要有意识地想清楚以确保这是正确的步骤。下面是上文中例子的第一步：

- 你确定要换工作吗？或者，你可以改变自己对当前工作任何不喜欢的地方——要求加薪、调职、做兼职、在家工作或坐在另一张办公桌前吗？
- 你确定要搬家吗？如果是空间问题，扩建你现在的房子可能会更便宜。如果是运营成本问题，你也可以把房间租出去。

- 你确定要上大学吗？你是否有意识地排除了直接找工作、休息一段时间或做学徒之类的事情？

第一步意味着坚持你目前正在做的事情，并做适当的调整。当然，第二步通常紧跟第一步。但并非总是如此。保持现状，从第一步开始，几乎总是最便宜、最简单、最快捷的选择，即使需要一点调整也无妨。这就是清晰的逻辑思维如此重要的原因。

我记得有个朋友在家里创业，她打算在后花园建一间小屋，因为她需要一个地方来经营生意和储备存货。这要花一大笔钱，因为那间小屋需要暖气和照明等。她正忙着从建筑商那里获得报价，并试图将成本降到最低。这时她意识到家里有一个房间几乎从未被使用过，只要稍微归置一下，整个小房间都能腾出来用作库房和办公场地。这样不仅更节约成本，而且更方便。她是从“我需要建立一个空间来经营业务”这个第二步开始的，而不是从第一步开始：“我需要建立一个空间还是用现有的房间来经营业务呢？”以一种全新的方式看待你的生活空间可能很难，但这种思考过程可以为你减轻压力、避免动荡和节省开支。

令人惊讶的是，很少有人经常练习这种思维技巧。然而，对于一个思考法则玩家来说，这应该是本能的。任何时候，当你准备开始一场代价高昂或压力巨大的变革时，一定要确保你真的需要这么做。我并不是反对变革本身——它可能是有趣的，令人兴奋的，并以一种好方式震撼我们。然而，这是由于对现状的某种不满而做出的决定，或者是被迫做出的改变，比如离开学校或裁员。你可能会倾向于认为自己需要比实际情况大得多的改变。如果可行的话，什么都不做（只要稍作调整）应该永远是摆在桌面上的选项之一。

保持现状，从第一步开始，几乎总是最便宜、最简单、最快捷的选择，即使需要一点调整也无妨。

法则 073

给自己设定界限

你要搬家了。钱不是问题，你不介意住在哪里，甚至愿意住在国外。你可以选择一个非常大的地方，但可能需要翻新；你也可以选择乡村小屋，这可能会很惬意；你还可以选择城市公寓或复式住宅。嘿，改造风车可能很有趣！或者，你可以从头开始建造你自己的地盘……

有这么多选择，真是太好了。不过，实际上，你到底从哪里开始呢？你可以随便去任何地方生活。如果有一些限制条件，那就容易多了：上班的路程在一小时之内，或者离父母近，或者在一定的预算范围内，或者住在一个村庄里，或者有花园。当然，大多数人都有约束条件，不管想不想要，我们都可以看到这些约束是如何切实帮助自己的。

在某种程度上就是这样。危险在于把参数设置得太窄。例如，也许你需要一个花园，不是因为你对种植、播种、割草、烧烤和自己种蔬菜感兴趣，而是因为你需要一个花园来养狗。然而，也许最适合你的房子就在那里——它符合所有其他条件，而且在预算之内——但你不会去考虑它，因为它没有花园。那真是太可惜了，因为后面那个小院子有一扇门，直接通向一个大公园。只是你永远不会知道你错过了多么棒的房子，因为你创建了一个你根本不需要的约束条件。[㊀]

我们又回到了专注思考的状态，对每个限制都问“为什么”。为什么是花园？为什么至少有三间卧室？为什么在干线车站附近？当然，其中一些约束条件可能要保持不变，但其他约束条件是可以调整的。例如，房子不需要花园，但你需要“给狗狗找个家”。这是理想的状态，因为这意味着你向更多潜在的解决方案敞开了大门。

几乎所有决策最常见的三个参数就是速度、成本和质量。然而，正如你从搬家的例子中看到的那样，你可能想要设置无数的其他界限。每个界限都将使这个过程变得既容易又困难。每一个问题都有助于你筛选答案，但也有可能排除那些可能是完美答案的风险。

现在是时候介绍你没有考虑过的其他选择了，比如，没有花园的房子。你真的需要三间卧室吗？或者只是为所有孩子同时来访提供空间，所以可能是三间卧室，但也可能是其他配置？厨房是必须大到足以容纳八人围坐一桌，还是只要拥有单独的餐厅就可以了？或者其他什么地方，只要有空间把两个房间连在一起就可以？

㊀ 它还有一个如此宽敞的厨房……哦，算了吧。

无论做什么决定，设定界限不仅可以让你避免被你不想要的选项弄得一团糟，还可以迫使你聪明地思考，打开你可能没有考虑过的可能性。

几乎所有决策最常见的三个参数就是速度、成本和质量。

法则 074

不管你能不能定，先分解你的决定

有些决策特别复杂，因为它们与其他决策交织在一起。在厘清 B 之前，你不知道该怎么处理 A，但 B 依赖于 C。有时它们相互交织，让你不知道从哪里开始，更不用说决定什么了。我认识的一对夫妇正试图决定是否搬到伦敦，以及把孩子送到哪里上学。而这家的女主人正在考虑减少工作时间，腾出时间接受再培训。如果是这样，她应该接受什么样的再培训？在他们做出其他决定之前，他们不知道如何做出这些决定。这类棘手的难题通常会导致计划暂停和拖延[㊀]，仅仅是因为这些问题太难解了。

然而，如果你集中所有思维技巧，就可以解开这种棘手的问题。相信我。首先，把你能找到的元素串联起来。在你知道自己将住在哪里之前，考虑把你的孩子送到哪里上学可能是没有意义的。如果你不搬到伦敦，再培训的选择将受到当地可提供的课程的限制。因此，再次强调，“是否去伦敦”的决定需要放在首位。

㊀ 我们稍后再谈拖延症吧。可以再拖延一下拖延症的话题。

这不仅会让事情变得清晰，还会显示出重新排序的重要性。也许，当你这样考虑问题时，你会意识到你的学校选择对你来说真的很重要，你不想让它取决于你住的地方——你宁愿让你的住址迁就你的校址，而不是让校址迁就住址。

很好。你有进展了。将有些决定先搁置，直到你知道自己想住在哪里，以及你要优先考虑哪些决定。假设这个思路让你意识到学校的选择是最重要的事情。现在，这已经成为你做其他决定的一个参数：必须靠近一所合适的学校，甚至可能是一所特定的学校。在这种情况下，住址问题也得到了解决。

嗯嗯，这些都有帮助，但仍然有一些相互关联的决定。所以，接下来要做的就是孤立地思考每一个问题。为了便于讨论，假设没有其他的复杂情况。在一个理想的世界里，你希望接受再培训的学科是什么？当你的头脑没有被其他事情弄得一团糟时，你会更容易思考这个问题。也许你最终没有得到理想的解决方案，但寻找理想的答案很重要。这样，你就能有意识地权衡利弊，决定你在这方面的妥协程度。

你应该会发现，把你能做的决定按顺序排列，把不能做的决定按顺序排列，然后单独考虑每一个决定，一切都会变得清晰起来。我的朋友这样做了，然后意识到她差点做出了一个会让她后悔的决定（再培训一个学科，因为这门学科有用，而不是因为她真的想学）。她最终把思考过程分解开来，并得到了她需要的清晰思路。

当你的头脑没有被其他事情弄得一团糟时，
你会更容易思考这个问题。

法则 075

遵从“金发女孩效应”

无论规模大小，大多数决定都需要一些研究，换句话说，就是收集信息，比如成本、时间表、选项、意见等。我说“大多数”是因为有一些非常主观的决定（我想要孩子吗），在这些决定中，收集你的想法比收集信息更有用。对于一些决定，你需要目录、招聘广告、价格、招股说明书、联系人名单和技术信息。

不要忘记，很多决定在某种程度上取决于别人的感受。团队对新的管理结构有何看法？孩子们对搬家有何看法？如果你申请延期搬迁，邻居会反对吗？你的商业伙伴是否同意你去兼职？你年迈的父亲是否愿意搬来和你一起住？这些都是相关信息，所以你需要就任何拟议的更改征求意见。这和寻求一般意见不一样，这是为了找出其他感兴趣的人是否同意你制订的计划。你不一定要按照他们的想法做事，但你需要知道他们对你的决定会有什么反应。

坦率地说，当涉及一些决定时，有很多东西需要知道。你可能会花很长时间收集你需要的所有事实和观点。你可能会花很长时间研究，以至于你根本无法做出决定。[一]我有一个朋友，他想要离开一份他讨厌了整整十年的工作，最后终于做出了一些壮举。

所以在做研究时，你必须找到一个平衡点。遵从“金发女孩效应”[二]——不多也不少，足以让你做出明智的决定，但又不至于让你不知所措。那么你到底需要多少信息呢？

我无法回答这个问题，因为这取决于你的决定。在做决定的阶段，你需要仔细考虑哪些信息是必要的。不要让目前还不需要的信息弄乱你的头脑。

假设你正在考虑申请一份特定的工作。所以，你可能需要了解职位描述、薪水、工作地点、职业前景（你在公司内部的升职空间或当你再次跳槽时的工作资质）。你还得大致了解该雇主是不是大家眼里的“正人君子”。这是你决定是否申请该工作的主要因素。如果这能说服你不去申请，那么其他的信息收集都是在浪费时间。所以，务必把这些重要的信息从其他碍事的信息中筛选出来。

一旦你真的申请了（如果你真的申请了），那就开始研究下一个决定：如果你得到了这份工作，你会接受吗（拜托，你是思考法则玩家，他们当然会给你这份工作）？现在你可能想了解更多关

[一] 我没有忘记拖延症的话题，我会找个时间拿出来讨论的。

[二] 童话故事《金发姑娘和三只熊》告诉人们，凡事都应有度，而不能超越极限，按照这一原则行事产生的效应，人们称之为“金发女孩效应”。——译者注

于这家公司的细节，比如工作时间、出差次数、和你一起工作的人、这家公司在业内和员工中的口碑等。换句话说，你需要能让你在面试中表现出色的更多的信息。但在你做出第一个决定之前，不要把时间浪费在这些事情上，否则你只会让你自己更难做决定。

不要让目前还不需要的信息弄乱你的头脑。

法则 076

可以咨询个人观点，但要规避决策偏见

当做出重大决定时，我们通常会征求同事、家人、朋友、专业人士等人的意见。这些人对结果没有既得利益，我们认为他们能够给我们一个公正的意见。

啊，但愿如此。但从定义上讲，没有所谓的公正意见。事实可能是公正的（是哪些事实呢？我马上就会说到这一点），但是，意见通常是一种个人观点，而每个人都有自己的想法。

假设你正在考虑投资房地产市场，你认识一个自己也做过同样事情的人。完美！他会告诉你真相的，对吧？是的，他会的，但只是从他的角度出发的。如果他做得很好，他可能会建议你继续投资。但这是他的个人偏见。如果他没有成功，他可能会给你相反的建议。但我们都知道，有些房地产投资很成功，有些则不然，所以他的立场不会是唯一的立场。

我不是说不要咨询他。他可能会有一些有用的见解。但不要因为他比你有更多的经验就认为他的建议一定是正确的。如果你能找到一个有着不同履历的人，这将有助于权衡一些事情。然而，你现在得到的是两个比你更有经验的前辈的个人意见。这两种意见都不适合你。记住这一点。

这就把我们带回了事实真相，以及是否存在偏见的问题。假设你收集的事实是真实的，[㊀]陈述这些事实的人会选择他们认为相关的事实，这个过程包含着固有的偏见。你只需要看看双方是如何就事实进行争论的，就可以看到这一过程得到了合乎逻辑的结论。通常（尽管可能不总是这样）双方都会提出似乎支持相反观点的事实真相。这是因为他们选择不同的数据，或者以不同的方式呈现数据，所以这些数据似乎表达了他们想要表达的意思。

你可能是在咨询无意这样做的人，但这是不可避免的。人们对事物有着根深蒂固的甚至是无意识的信念，这些信念会影响他们对事实的判断。想象一下，先向一个出身富贵的人咨询房地产投资的建议，再向一个在廉租房长大的人咨询，他们很可能在住房观念方面有非常不同的价值观，这些很可能反映在他们的建议中。他们可能没有意识到这一点，但他们很可能引用一些事实来支持他们自己的信念。

我不是说你不能寻求别人的意见，我只是说要注意这些东西。思考法则玩家在询问建议之前会考虑这些事情，并将其与建议本身进行权衡。

意见通常是一种个人观点，而每个人都有自己的想法。

㊀ 但显然，不要只是假设。

做你自己的顾问

有些决定不是基于事实，而是基于感觉。从把浴室刷成什么颜色，到是否给房东发一封骂骂咧咧的邮件，这些最终都是只有你自己才能做的决定。你当然知道，但是听取别人的建议也是好的。

不过，该问谁呢？也许是你的妈妈，也许是你最好的朋友。或者你的同事、你的搭档、你的兄弟……你将如何选择？我知道我们大多数人很多时候是怎么选择的。

几年前，我突然对某个决定灵光一现。我甚至不记得当时的决定是什么，但我决定给一个特定的人打电话。当我联系不到他时，我想我最好打电话给其他人。显然还有另一个人，但我发现自己在打电话这件事上闪烁其词："稍等，让我想想，我为什么不想给他打电话？"我想了一会儿，答案显而易见：我不相信他会给我我想听的建议。

有意思。所以，我知道我需要什么样的建议。我已经知道了自己的直觉，我在寻找一个同意我的决定的人。一旦我意识到这一点，我就有了答案，我不再需要打电话给任何人寻求建议。我完全可以自己做决定，不需要帮助。事实上，我已经做到了。

这是洞察你自己的思维活动的高效方法之一。这让你在做这些情绪化的决定时几乎不必征求别人的意见。有了足够的自我意识，你就可以做你自己的顾问了。这样能让事情简单很多。

有趣的是，这会让事情变得稍微有点儿混乱。我们大多数人都喜欢向朋友寻求建议（尽管这些朋友会说我们想听的话），所以，当你发现你再也不需要问他们的建议时，大多数人都会感到有点失望。那到底是怎么回事？

寻求建议可以满足人类的许多情感需求，而得到正确答案只是其中之一。只要你问的人可能会给你你想要的建议，你们的对话就会加强彼此的联系。此外，当他们说你想让他们说的话时，这将证实你自己的感受。如果你对自己的决定缺乏信心，就会因为知道你的父亲、老板或姐姐同意你的决定而感觉好得多。即使你咨询他们只是因为你知道他们会给你满意的答复。当然，谈论你的问题是谈论你自己的借口。我们得承认，我们大多数人都喜欢谈论自己。

所以，即使你知道自己不需要别人的建议，你也不必停止向别人寻求建议。你只需要诚实地面对自己的本能，以及你要进行这种对话的原因。

寻求建议可以满足人类的许多情感需求，
而得到正确答案只是其中之一。

法则
078

不要草率地下结论

我曾经收到一家公司的聘书，那是一家生产一次性高档家具并在当地销售的企业。他们向我展示了其中的一些东西，比如可爱的大餐桌、手工制作的衣柜和衣橱、坚固的传统梳妆台。真漂亮。他们的问题是很难把这些东西卖出去。当天晚上他们就发现，大多数当地人都在寻找边桌、小橱柜和壁柜，而他们的车间里堆满了大型豪华家具，几乎没有需求。

这是一个很好的例子，说明你做出的错误假设会给自己挖一个很大的坑。想再看一个例子吗？我认识一对夫妇，他们决定搬回40年前他们长大的地方。他们买了一栋房子，获得了在花园里建新房子的规划许可，盖了新房子，卖掉了原来的房子——所有这些都花了好几年的时间。然后，当他们终于能够搬家时，他们意识到自己不想离开孙子和孙女，也不想远离所有朋友。他们只是想当然地认为，回到自己的老地方会很快乐，却没有仔细思考这个假设。

当你仔细考虑时，你会发现大多数重大决策都是基于一系列的小选择或小决定。所以，你可能会决定自己创业。现在你必须决定做什么样的生意，从哪里开始经营，如何筹集资金，等等。你将起草一份商业计划，这将需要把成本、收入和可能的销售额估算在一起。当你忘记了它们只是估算数字，而把它们当作可靠的数据时，问题就来了；或者在没有市场的情况下假设有市场，而实际上，至少在不调整成本、价格、产品或服务的情况下不会有市场。你可能会把你所有的积蓄都投入到一个注定失败的生意中，就像我受聘的那个家具制造商所做的那样。

想换工作？一旦你做出了这个决定，你就会继续决定你是想留在这个行业还是转行，然后申请什么工作，甚至是否要搬家。但请稍等……假设最初的决定是错误的呢？你从第二步开始，以为一份新工作就能解决你的所有问题，这就是一种经典的草率结论。这些早期的错误假设尤其危险，因为许多后续的小决定都是基于这些假设做出的。

如果你不想犯这种错误，就需要从一开始就问自己："我为什么会这样想？我有什么证据？我怎么知道这是真的？"征求别人的意见，也征求自己的意见。询问尽可能多的人来质疑你的计划，盘问你的信息来源，挑战你的假设，质问你为什么如此肯定这是正确的决定。只是要确保你不会因为思考不当而给自己挖一个又大又深的坑。

大多数重大决策都是基于一系列的小选择或小决定。

法则
079

别让情绪毁了你的决策

在做出正确的决定时，情绪当然起着一定的作用（我将在下一条法则中讨论这一点）。[1]然而，情绪是许多错误决定的罪魁祸首。我个人的错误就是在没有充分理由的情况下仓促做决定。坦白地说，当你选择买哪根巧克力棒，或者选择哪天晚上去看电影时，这有多大关系呢？但当你在买房、买车、预订昂贵的度假酒店、决定是否接受一份工作，或者是否在一怒之下递交辞呈时，情况就完全不同了。

如果这描述的是你，那就停止吧（我也在自言自语）。我理解，我真的理解，但你迟早会做一些你负担不起的事，或者对别人完全不公平的事。如果你想成为思考法则玩家，就必须了解自己，认识到自己的缺点。如果你像我一样，你会在内心深处非常清楚什么时候你做决定的速度太快了。因此，抽出时间，在一段

[1] 谈完这个再谈拖延症。拖延症的话题再拖延一会儿也无妨。

与某决定相对应的固定时间内不去执行这个决定。也许是 24 小时，也许是一个月。如果你不知道强制暂停应该持续多久，那就征求意见（不要去问另一个经常仓促做决定的人）。对于重大的决定，你也要做一些适当的研究。

啊，是的，这是情绪的另一个问题。只寻找事实来支持你的直觉告诉你要做的决定，或者只向你自以为会同意你的人寻求建议，都非常诱人。即使你不容易做出草率的决定，也容易欺骗自己。你想买一辆昂贵的电动汽车，所以你只会研究开起来有多便宜；你喜欢在国外工作的想法，所以你只会研究国外工作的经历给你的简历带来的好处。

也许你会告诉自己“这是你应得的”。这是个好主意。但这并不是你不想多花钱的合理依据。你是否也应该承受它可能导致的透支呢？这是你的钱，你想花就花吧。只要你诚实地问自己这是不是一个明智的决定。如果不是，你就得承认自己是在冲动消费。别自欺欺人地说这是你的理性决策。

现在，电动汽车更环保。在国外工作有很多积极的方面。谁不喜欢豪华度假呢？我并不是说这些事情是对还是错。但现在对你来说，这是最好的决定吗？这不仅仅是你的情绪反应。这关乎你的银行余额、你的其他承诺、你的时间、你的家庭……所以，要考虑所有相关的因素，而不仅仅是那些适合你情绪反应的因素。这样，如果你做了一个非理性的决定，那就睁大双眼，谨慎行事吧。

如果你做了一个非理性的决定，
那就睁大双眼，谨慎行事吧。

法则 080

平衡一下感性情绪和理性思维

据说，如果你想做出最好的决定，就不能让你的情绪控制你。但有趣的是，把所有情绪都从实践中去除也不是明智之举。

研究人员对遭受大脑损伤而无法感受情绪的人进行了研究。他们都有一个共同点，那就是他们不会做决定。他们可以使所有的论点合理化，但他们不知道如何支持一个特定的选项。神经科学家得出结论，这是因为很少有决定是没有任何情感成分的。如果你不能调动自己的情绪，就算在咖啡和茶、麦片和吐司之间做出选择都变得几乎不可能。

有一种常见的谬论，认为情绪是非理性的，而做决策应该是一个理性的过程——因此不给情绪留下任何余地。上一条法则非常清楚地说明了情绪是如何阻碍我们正确地做决策的，但缺乏情绪也有同样的效果。当你决定做什么的时候，你的感觉起着几个重要的作用。

首先，如果没有任何情感投入，你很难知道你所有的研究和信息有多重要。这个因素比那个因素重要吗？这个数据和那个数据一样重要吗？如果你在美国买不到马麦酱，你是否值得在美国接受一份令人兴奋的、有助于职业发展的工作？你是否应该买下这套满足你一切要求的完美公寓，即使它在三层，而且电梯总是坏掉？我用一些极端的例子来说明我的观点：如果没有情感，你如何在事业和马麦酱之间找到平衡？

同样，在没有任何情感投入的情况下，你如何准确地评估风险？顺便说一下，我们将在法则 91 中更详细地讨论风险和胜算问题。

情感可以是一个整体问题的关键部分。假设公寓符合所有实用条件，但你担心远离朋友会感到孤独，怎么办呢？这种恐惧——以及潜在的孤独感——是重要的考虑因素。它们还不能被理性地量化。在结交新朋友之前，你是否有点担心自己可能会有点孤独，或者你是否担心自己可能永远不快乐？这些答案只有你能给出，而且只能在情感层面上给出。它们和所有实际因素一样重要（你会用你的情感判断力来衡量它们）。

在做决定时考虑情绪因素的另一个重要原因是，如果你从情感上考虑，你会觉得（是的，“觉得”就是一种情绪）在做决定时投入了更多。你会接受它，更加努力地让它发挥作用，你的方法也会更加积极。

所以，你必须平衡你的感性情绪和理性思维。关键是你要有自我意识，要明白你的情绪在其中扮演的角色。

有一种常见的谬论，认为情绪是非理性的，

而做决策应该是一个理性的过程。

法则 081

选择向不完美妥协

你不可能总是得到你想要的结果。我的母亲曾经告诉我这一点，尽管我很不愿意承认，但她是对的。事实上，你很少能得到你想要的东西，甚至根本不能如你所愿。如果你不准备接受不那么完美的结果，就可能一无所获。

我的一个朋友的母亲 15 年来一直想搬家，但就是不愿意买一套不能满足她所有条件的房子。不幸的是，她在 15 年前卖掉了她的最后一套房子，而银行里的钱（她必须用这些钱来支付房租）在这段时间里并没有像房价上涨那样增值。所以事实上，找到完美的房子变得越来越难了，因为她理想中的房子已经不在她的价格范围内了。除非她搬到另一个地区，或者房子的卧室更少，或者后院的花园更小……但所有这些都需要妥协。

看到了吗？如果你不妥协，做决定就会变得非常困难。你需要仔细考虑在整个过程中你会做出哪些妥协，不会做出哪些妥协。如果你不这样做，就会发现自己的拖延症又严重了很多，就像我朋友的母亲一样。但是，你不一定需要就所有方面做出妥协。

这是另一个你必须为情感腾出空间的领域。一些妥协看起来是完全理性的，但也可能产生误导。假设你要降低成本，否则你的新商业模式就无法运作。这听起来很无情，但实际上，细想一下，确实是这么回事。如何降低成本？是找更便宜的供应商、降低质量、在更便宜的地区找厂房，还是将员工数量减少、自己更努力地工作？我想你会发现，在这些妥协之间做出选择将是一个相当情绪化的思考过程。

所以，做出好决策的重要前提是确定自己可能需要做出的妥协，算出自己会妥协到什么程度（比如，也许你会在不加薪的情况下转行，但如果这意味着薪水下降，你就不会跳槽了），然后在不同的妥协领域中做出选择。或者平衡使用妥协策略，比如，这里做一个小妥协，那里做一个大妥协。

在你做出决定之前，你需要知道你的极限。你的底线是什么，或者说每个妥协元素的底线是什么？如果你想对这个决定以及未来由此产生的一切感到满意，那么，你不会逾越的界限是什么？在做出最终决定之前，你要一如既往地把一切都想清楚，你的一切推理都得合情合理。

如果你不准备接受不那么完美的结果，
就可能一无所获。

法则 082

搜索双方都能接受的其他选项

假设你对其中任何一个选择都不满意，但你又无法回避这个决定，怎么办呢？也许你的团队中有一名成员离开了，你必须任命新的成员。或者，你负担不起现在的房子，需要搬家。或者，你和你的伴侣要结婚了，但在邀请多少人参加婚礼的问题上意见相左。

这些都是必须做出的决定，而你看不到一个好的选择。如果你与他人发生冲突，这可能会带来巨大的问题，甚至会让你感觉陷入僵局。做出一个好的决定会让人感到振奋。无法做出任何决定会让人痛苦、沉闷、担忧、沮丧和不知所措。

所以，不要让这种事情发生。这就是你需要适当发挥创造力的地方。如果可供选择的方案都不行，很明显，你将不得不搜索其他的选项。我注意到，最擅长做这件事的人是那些以积极的心态去做的人。正如亨利·福特所说：“无论你认为你能，还是你认为你不能，你都是对的。”如果你相信还有别的选择，你会找到的。如果你认为这就是结局，那就没什么意义了，也没有什么能解决问题，这一切都是浪费时间……我敢打赌，一个新的可行的选择永远不会出现在你面前。或者，就算有，你也意识不到。

让我们瞧瞧，我们能从开篇案例中得到什么。你失去了一名团队成员，你发布了广告，进行了面试，但你找不到合适的替代人选。那么，在一些新的、意想不到的地方做广告，怎么样？不如聘用一些经验不如你最初想要的人（所以薪水较低），然后（用省下来的钱）投资培训他们？你如何重新分配团队中的角色，以便招到拥有完全不同技能的人？干脆不招人，会怎样？听着，这只是可能存在的解决方案的一小部分。并不是所有的方法都可行，但有一些是可行的，还有一些我没有提到的方法也是可行的。

如果你不能同意别人的决定，发挥创意也是一种挽回面子的方法。假设你们处于僵持状态，你坚持选择 A，而对方要求选择 B（我知道如果你是成熟的思考者，这种情况不太可能发生，但这种情况偶尔也会发生在我们身上）。你们可能私下都希望事情没有发展到这一步，但又都不准备投降。你需要的是选项 C，一种你们都能同意的选项，而不会放弃你最初对对方的首选决定的否决。所以，你想要一个小型的家庭婚礼，而你的伴侣想要邀请 150 人（我猜你们都否决了邀请 75 个人，举行一场你们都不太想要的婚礼），怎么办呢？如果你们不举办婚礼会怎样呢？或者，你们在一个很少有人能负担得起的热带天堂结婚会怎样呢？或者干脆不结婚，至少现在不结婚。可能性几乎是无限的。你只需要找到一个有效的方法。

如果可供选择的方案都不行，
很明显，你将不得不搜索其他的选项。

法则 083

错误决策的影响不是永远的

我清楚地记得，有一次我和一个朋友聊天，他正在为一个棘手的决定而苦恼。他为此一直失眠，担心自己会弄错。我问他："最坏的情况是什么？"当他意识到虽然这是一个重大的决定，但最坏的情况也没有那么糟糕时，他的脸上洋溢着欣慰的表情。

你会惊讶于这种情况发生的频率有多高。在这种情况下，他正在努力决定是否换工作。他在一个就业市场活跃的行业工作，拥有宝贵的技能，所以，实际上，如果他讨厌新工作，可以再次跳槽。虽然不理想，但也不是一场灾难，不太可能也不值得为之失眠。

假设你要搬家。如果你想在未来的 20 年里找一个既能养家糊口又能方便上下班的地方，你真的希望第一次就找到合适的地方。如果你不得不再次搬家，这仍然不是世界末日，但成本高、压力大、耗时长。然而，假如你想自己找一套离工作单位很近的公寓，而你只打算在那里工作几年，如果这套公寓不完美，那就不那么重要了。如果你不了解做出错误决定的后果，就无法正确地评估哪个决定是正确的。

你要长远考虑。我看到过一些表面上糟糕的决定会带来辉煌的长期后果。你认为你拒绝的那份工作会比你接受的那份好得多，但 5 年或 10 年后，你可能会获得比以前更高的职位。升职时机合适，公司扩张……这些事情可能很难（甚至不可能）预测，但仔细想想，你就会发现，现在的“错误”决定并不一定永远是错误的。

所以，想想最坏的情况，同时想想你的备用计划。这是非常重要的。如果你的创业失败了，你会怎么做？如果你讨厌新工作，怎么办？假如你进不了你真正想进的大学，会怎样？这个思考过程之所以如此有用，有两个原因。第一个原因是这可能是最坏的情况：如果企业倒闭，你能卖掉设备和库存，回到原来的工作（或非常类似的工作）吗？如果这会让你破产，你可能需要一个更好的备用计划来保持自己的偿付能力。然而，如果这在经济上可行，这就是你最坏的情况，也是你的备用计划。

第二个原因是有备用计划总能减轻生活压力。我观察了一遍又一遍。当人们有备用选项时，他们就不会像那些恐慌的人那样焦虑——那些人根本不知道会发生什么，也不知道如果他们的首选计划失败了该怎么做。

这里还有一个常见的错误。决定什么都不做（不搬家，不任命一个新队员，不找另一份工作），也算是一个决定，需要与其他选择一起评估。大多数人并不能完全理解这一点，但思考法则玩家可以。

决定什么都不做，也算是一个决定。

法则
084

后悔就是在浪费精力

没有什么比后悔更无意义的情绪了。这都是你对过去做过或没做过的事情感到悲伤，所以根据定义，你没有办法改变它。我想这是你无法想象的。如果你能改变一个你不喜欢的结果，就会去做。如果你不能，后悔似乎是唯一的选择。

这有点任性了，不是吗？到最后，你一定会自怨自艾。这对谁有帮助呢？最好下定决心不要后悔，因为说实话，这毫无意义。

事实上，你不知道做出不同的决定会发生什么。听着，如果你最终接受了那份工作，一切都那么完美，也许你第一天上班时就会兴奋到过马路时忘了左右看，结果被车撞了。我知道不太可能，但你不知道。与邻桌的同事共事可能是一场噩梦，你可能被某个客户挖走，结果却讨厌那份工作……每个例子都不太可能，但都有无限的可能性，而实际发生的情况可能并不像你想象的那么好。所以不管你做了什么决定，后悔都是毫无意义的，因为还有更糟糕的选择。

即使你因为过去的决定而经历了一段糟糕的时光（正如上文

所说，这些决定可能仍然比其他选择更好），这些经历造就了现在的你，了不起的人物！如果没有苦难、创伤、挫折或悲伤，我们就不会成长为现在这样深奥又迷人的角色。如果没有这些经历，你就不得不放弃一部分自我。所以，别再后悔了，珍惜你所学到的东西，珍惜它造就的你。

还有一件事你也可以做——不是为了过去的遗憾，而是为了避免未来的遗憾：有意识地做出真正强大的决定。如果你从现在开始仔细考虑你所做的每一个决定，遵循这些法则和任何你可以在书中或网上找到的实用策略，就会知道，每个决定都是你当时所能做的最佳决策。当你回首往事时，就会知道，在同样的情况下，你还会做同样的事情。你会收集相同的信息，考虑相同的选择，咨询相同的顾问，做出相同的妥协，提出相同的选择，为自己设定相同的参数，让自己的情绪保持相同的分量，并倾向于相同的行动方案。

如果你在同样的情况下做出同样的决定，你很难后悔。你可能偶尔希望事情能有不同的结果，但你不会因此自责。

有意识地做出真正强大的决定。

法则 085

坦诚地对待拖延症

哦，是的，我说过我会在某个时候提到拖延症，不是吗？我想还是现在开始吧。

有时候，静观其变是明智之举。但一个决定本身必须是一个深思熟虑的、有意识的选择。这通常是有时间限制的。例如，你可能会决定等一年看看商业利率如何变化，或者等六个月再提交简历，万一能在原单位晋升呢；或者推迟结婚，直到你们找到了一起生活的地方。

还有些时候，什么都不做，只是逃避或回避的借口。那你为什么要找借口？为什么不直接做决定呢？这个问题有很多可能的答案。你需要弄清楚哪一个适用于你。现在就诚实一点，直面你的决定，承认你为什么不能继续做下去。一旦你向自己坦白了（没必要告诉别人），你应该能够做些什么。

也许这就像你不知道哪个决定是正确的一样简单。因此，你要确定哪些信息（事实或情感）是缺失的，并努力去获取。一旦你输入了正确的数据，你就会得到最好的答案。但你知道，有时我们不能精确地做出正确的决定，因为这实际上并不重要，比如喝茶还是喝咖啡的问题，你可以通过抛硬币决定。是的，千真万确。这是一个很好的策略，尤其是当这个决定带有强烈的情感成分时，你就尽情地抛吧。就在硬币落地之前，你会知道你希望的是正面还是反面。给你答案的是那一瞬间的反应，而不是硬币。

现在，你知道该怎么做——这不是问题所在——但你一直在拖延，因为你不知所措，或者你只是讨厌改变。你看到的是令人生畏的过程，而不是美妙的最终结果。所以，当空间扩建完成，或者你搬到纽约，或者你在新工作中安顿下来时，你要关注那些美妙的感觉。你可以想象一下舒适的空间、新的同事、新的生活方式、新的赞誉、和平与宁静的环境。

如果你不确定从哪里开始，没关系。随便选一个起点，然后开始。你要做的事情越少，就会越快地感到不那么令人畏惧。

还记得那个找了 15 年房子的妈妈吗？她的拖延源于坚决拒绝妥协。想想她的下场吧。现实一点，给自己设定一些你能实现的参数。

有时候，如果这些拖延的原因都不成立，那是因为有一个潜在的问题我们没有解决。也许，在内心深处，你不愿意确定婚礼的日期，因为你不是百分之百确定你想结婚。所以要对自己诚实，弄清真相才是王道。然后，理清自己的思绪，要么找一个良辰吉日把婚给结了，要么取消婚约，要么推迟婚礼。

直面你的决定，承认你为什么不能继续做下去。

第九章

批判性思考

你的大脑需要被磨炼和训练来进行健康思考、条理性思考、决策性思考，并萌生创意和解决问题。真正的思考法则玩家必须掌握最后一组技能，即批判性思考。这是传统意义上的批判，不是消极的批评，而是简单的评估。

批判性思考法则将使你能够评估各种论点，进行逻辑思考，形成平衡和有效的意见，建立联系，发现不一致之处。你将能够倾听别人的观点，在网上阅读一篇文章，或者研究一本书，然后进行评价和评估，分析和统计数据，并形成自己对其优点的智力观点。因此，你也将能够分析和评估自己的意见，这是很有趣的。如果你发现你在任何话题上的立场都是站不住脚的，不必告诉任何人，但你可以悄悄地修正。

尽管事实和信息很有价值，但如果没有批判性思考，它们的作用就是有限的。这使你能够使用事实和信息进行批判，并建立你的创造性想法。如果你能做到这一点，对人对己都有好处，更不用说对雇主的价值了。

本章讲的是智力上的严谨，而不是情感上的随性。因此，请记住法则 50、法则 79、法则 80 以及其他关于不要让情绪妨碍理性思考的法则。在分析数据、评估论点、考虑选择时，你需要一个理性的、敏锐的、有逻辑的大脑来牢牢掌控一切。

法则 086

阅读约翰·多恩的诗歌

不一定非得是约翰·多恩（John Donne），尽管我不明白为什么有人不想读他的作品。他是 17 世纪的一位英国诗人和布道者（不管你是否认同他的信仰，你都可以欣赏他的作品）。他最著名的一句话是“没有人是一座孤岛”，这是他在一次雄辩的布道中为自己的观点辩护的金句。他是一个很容易读懂的作家，因为他的很多诗都很短，你可以随便读，也可以一天读一首。

想知道你为什么要读多恩的诗吗？他的作品不仅优美、精雕细琢、感人肺腑，时至今日仍有意义，而且发人深省。为了充分欣赏它们，你必须调动你的大脑。他用悖论、反讽、复杂的思想、理性的论证来表达最热烈的情感。

如果你想成为善于批判和分析的一流思考者，就需要一些像样的、有内涵的材料来练习。你需要通过一些复杂的想法来训练你的思维，直到你在需要时能够自然地以同样的方式思考。阅读那些令人惊讶的最新观点的优美文字，偶尔带点幽默，要比沉浸在教科书、研究文件或数学题中有趣得多。

如果你喜欢更直白一点的幽默，那么你可以试试看喜剧演员斯图尔特·李（Stewart Lee）的表演，他的拿手好戏是一边表演一边解构自己的表演。这又是多层次的、发人深省的东西，也是我们所追求的目标。

当然，还有很多作家和演员同样如此。只是多恩和斯图尔特是我特别喜欢的两个人，你至少可以尝试了解一下，这样你就能明白我到底在说什么了。然后，你可以自由地去找其他人，他们也会给你同样的脑力锻炼。

一旦你喜欢上了这个练习，找一些愿意和你讨论这些想法的朋友。事实上，有人愿意和你讨论任何想法。我们在社交对话中花了很多时间来了解人们的新闻，或者讨论事件或共同的兴趣。这没什么错。但请你努力去找那些你至少可以花点时间与之讨论某些话题（比如哲学、政治、心理学）的人。不要只是针锋相对，双方都拒绝让步，因为这不会帮助你更好地思考。

这样做的目的是让你的思维更敏捷、更灵活、更能从一个点跳到另一个点。另外，当你思考的时候，想想你在思考什么。正是这种主动的超脱状态，这种分析和批判自己想法的能力，将把你提升到一个真正娴熟的思考法则玩家的水平。

当你思考的时候，想想你在思考什么。

法则
087

不要被人当傻瓜耍

世界上到处都是这样的人和机构：想让你按照他们的指示去做事，或者想让你相信他们告诉你的话。从广告活动到假新闻，我们都被操纵性信息包围着，这些信息旨在促使我们购买这罐豆子、听那段音乐、穿这些衣服、投票给那个候选人。

我不知道你怎么想，但我不太喜欢别人告诉我该做什么，更不喜欢别人告诉我该怎么思考。我喜欢自己做决定，形成自己的观点。

不过话说回来，我确实得买豆子罐头、穿衣服，而且我确实乐意去听音乐和投票。我在网上读到、听到或看到的一些信息听起来确实很吸引人。也许它们真的像看上去的那么好——是吗？你究竟如何判断自己是听到了假新闻还是被兜售了虚假的承诺？

你得问一些相关的问题。记住，现在你要独立思考，所以要意识到每个人向你推销他们的产品、想法和信仰都是有原因的。你需要知道这个原因是什么，然后才能决定你是否想要他们推销的东西。所以，不要做傻瓜，在你做出承诺之前要认真考虑一下。还记得法则 3 的内容吗？本条法则是法则 3 在批判性思考方面的应用。

首先问问自己，谁会从你得到的信息中受益，以及如何受益。如果你正在看一个广告，而其幕后主使很明显，但更广泛的信息呢？那个让你戴自行车头盔的活动是由卫生服务部门还是头盔制造商资助的？那些告诉你未经巴氏消毒的牛奶有多危险的人有政治目的吗？答案不一定会否定这些信息，但确实让我们对这些信息有了更多的了解。

有些人会给你一些片面的信息，还希望你不会注意到自己被骗了。我的妻子记得多年前一位护士告诉她，一定比例的孕妇吃了半熟的鸡蛋后会感染沙门氏菌，这可能会对未出生的孩子造成伤害。即使这个比例很低，它可能仍然会吓到你，这是故意为之。但是，等一下，这些数据中遗漏了相关信息。你注意到了吗？当然。你还需要知道它伤害你的孩子的可能性有多大。如果孕妈妈们感染了沙门氏菌，有多少婴儿实际上受到了伤害？十分之一？十万分之一？这一定会有很大的不同。你可能仍然认为任何风险都太高了。如果你怀孕了，我不建议你吃半熟的鸡蛋，我建议你自己考虑一些相关事项，包括质疑这些信息的真假。你可能有一个很好的理由，但如果你真的想当思考法则玩家，就会好奇真相到底是什么。

留意情绪化的语言。组织机构、政客、广告商确实喜欢使用情绪化的文字和图像来说服你以他们的方式而不是你自己的方式思考。你要学会发现内疚、恐惧、情感勒索这些对你不利的东西。慈善机构几乎总是会给你看一个饥肠辘辘的、楚楚动人的孩子的照片，或者一个超级可爱的、毛茸茸的动物的照片。即使这是一项很好的事业，你选择去做，你仍然应该意识到你被操纵了。

每个人向你推销他们的产品、
想法和信仰都是有原因的。

法则 088

退后一步，展望更大的愿景

一位高级经理申请了一份管理大型野生动物慈善机构的工作。面试过程非常缜密，持续了几天。面试内容包括参观、面谈和业务陈述等。她花了很长时间研究这份工作的要求、慈善机构的结构和资金使用模式，并收集了大量证据证明她有能力处理预算和管理这个组织，并具有他们所需要的那种管理风格。

最后，她写了业务陈述报告。起草的时候，她让我的一个朋友帮她看一看。他告诉我，她已经为该组织的未来制定了一个非常清晰的愿景，以及她将如何实现这个愿景……但她从来没有提及野生动物保护的话题。她一直忙于关注自己申请的日常职位，忘记了放眼大局。所有面试她的人都会参与到慈善事业中来，因为他们非常关心环保问题。他们不会任命一个貌似毫不关心环保的人，不管此人的管理资历多么出色。

这是一个很容易犯的经典错误。你太专注于细节而忽略了大局。那么，你该如何训练自己的思维技能，让你看到自己没有留意却应该寻找的东西？

实践是检验一切思考技巧的唯一标准。一旦你的大脑养成了寻找更大愿景的习惯，就会自动地把问题想清楚。所以，你要在自己做的每件事上寻找更大的愿景。你要决定每天思考几次，直到你的大脑习惯于在没有提示的情况下寻找更广阔的视角。

你为什么在洗盘子？愿景描绘：保持清洁。更大的愿景：这样，一家人可以用卫生的盘子吃饭，从而保持健康。你为什么来开会？愿景描绘：把下周的展会计划再过一遍。更大的愿景：因为展会需要顺利进行，如此才能带来我们公司发展所需的新业务。为什么野生动物慈善机构需要首席执行官？愿景描绘：组织可以有效地运行。更大的愿景：对野生动物产生重大而积极的影响。

你可以想想为什么你要给孩子们读睡前故事，为什么你要经营一个青年俱乐部，为什么你要去度假，为什么你要养一条狗。有时答案会有点模糊，或者似乎有不止一个原因。别担心。你真的不需要知道你为什么要养狗，你只需要训练大脑更有效地思考。你甚至可能想考虑一下你为什么要这么做。

你要在自己做的每件事上寻找更大的愿景。

法则
089

想想接下来会发生什么

最优秀的思考者的与众不同之处在于，他们会在别人停下来的地方继续思考。学校老师会告诉你这是识别最聪明学生的经典方法，但即使你小时候没有这样思考，你现在也可以学会这样思考。

不要被动地接受别人给你的信息（或主意）。将信息视为起点而不是终点，思考你能从这里去哪里。如果这是真的，还有什么可能也是真的？或者接下来会发生什么？请致力于推理、推测、联想、推断。

显然你可能做不到一直这样思考。实际上，我们都是在思考“小局”，不能放眼思考“大局”。如果我请你和我一起去看电影，然后我告诉你电影什么时间上映，你就会利用这些信息来决定下班后是先回家换衣服，还是直接去电影院。如果我告诉你电影的放映时间，你就会推断出这是不是今晚的最后一场放映。

我的一个朋友买了一只纯种小狗。她知道，她应该确保饲养员信誉良好，狗狗要养在住宅区的室内，而不是在外面的狗场。

但是，你怎么能从网站上判断出来呢？她很快注意到，很多网站上都有大量小狗在室内的照片，有时多达 1000 张。狡猾的饲养员可能会伪造几张室内照片，但他们不会费力地花那么多时间去伪造海量室内照片。所以，她意识到她可以信任那些有大量照片的网站。

这些都是简单的推算和自然的思路。但你需要利用一条信息引导你找到下一条信息，否则你无法达到这个层次的思考。现在你需要做的就是让大脑养成这样的习惯：每当你阅读一份报告，或看一则新闻，或听一场演讲，或听别人各抒己见时，你就会质疑接下来的步骤，通过逻辑推理做出预测。

许多企业家之所以创业成功，是因为他们读到或听到了一些让他们思考的东西："等一会儿，如果是这样的话，人们肯定会喜欢这个或那个产品……"

早在 2005 年，一家汽车保险公司就实现了这样的飞跃。每个人都知道，从统计数据来看，女司机的风险要小一些。女性的行为在其他方面也与男性不同，比如，她们可能会随身携带更多的私人物品。这是常识，但只有一家保险公司考虑了这一方面的影响，并成立了一家专门针对女性的汽车保险公司。该公司保费较低，以手袋保险为标准。

无论你是在用某种联系来解释某人的行为，还是意识到两国之间的语言相似性暗示着某种历史联系，你实际上都在进行下列思考过程："哦，我明白了，如果是这样，那接下来必然会……"

将信息视为起点而不是终点。

法则 090

不要总是劳烦你的小脑袋

当你试图评估信息并从中得出结论时，最大的一个障碍就是数据过多。也许你正在研究一个特定的选项，一旦其中的信息量超过了你想要的。那么，哪些是你需要的信息？哪些是你可以放心忽略的信息？你必须能够筛选信息，确保你得到的信息是正确的。

这些事实都很好，但你怎么知道它们是否相关？如果它们看起来相互冲突怎么办？如果你有两组类似的数据，它们的功能也大致相同，你应该使用哪一组？

首先，你要认识到信息太多这回事。如果你只见树木不见森林，你就超负荷了。如果你做这项研究是因为你想用它来影响别人——你的老板采纳你的建议，你的伴侣同意翻新厨房，当地的委员会同意修建自行车道——那么，几条精心挑选的数据将比一堆充满统计数据、数字和图表的令人毛骨悚然的文件要有效得多。

其次，你要精简信息。如果你在找到信息之前就这么做了，那就更好了，因为这样效率更高。你可以花一整天搜索信息，然后过滤，或者你可以先做筛选，实际上，只花半天时间在收集资料上。我知道我更喜欢哪一个。所以，在开始搜集数据前思考一下，哪些数据是你需要的，哪些数据是你不需要的。

对，你需要做的是思路清晰地、一针见血地了解你想要达到的目标。你需要对目标进行充分的思考。这给了你衡量信息的依据，这样你就可以判断它是否需要了。

所以，你不能简单地说服当地的委员会建造自行车道，要具体说明你的目标。在这个阶段，你是想要达成一个原则性的协议，还是想要一个具体的路线？什么会影响修路工程呢？是什么让他们拒绝或者让他们接受？现在我们来谈一谈。一旦你确切地理解了需要演示什么，就更容易看到需要使用哪些参数，从而更容易进行相关数据支持。举例来说，没有必要挖掘对旅游业影响的数据，除非这确实是一个问题。

这种确定什么相关、什么不相关的能力对批判性思考来说是必不可少的，不仅因为它节省了时间，还因为它使你能够简化你的思维，并将其引导到真正需要的地方。

在开始搜集数据前思考一下，哪些数据是你需要的，哪些数据是你不需要的。

法则 091

考虑一下胜算

一般来说，我们不善于计算风险，尤其是在评估选择和做决定时，这真是一种遗憾。例如，如果你害怕飞行，你会比坐在你旁边的经验丰富的飞行员认为飞机的坠毁风险更大。你俩的感知不可能都对。更重要的是，你会认为你乘坐的飞机比你想像的更容易坠毁。我说的是“安全”。但从统计数据来看，如果你在开车、过马路或打橄榄球，你在地面上的安全程度可能反而会低得多。但你不会把它考虑进去。

我们都是这样考虑风险的，在某种程度上，这是人类的天性。无论如何，即使是专家也不总是确切地知道风险是什么。所以，我并不是说你每次都能完美地计算风险。然而，在评估采取特定行动的风险时，了解前方的陷阱是很重要的。你需要意识到自己对风险的感知，以及你周围那些试图说服你做出决定或放弃决定的人怎么想。

其中一个关键的考虑因素是平衡风险与收益或损失。一个小小的风险，在最好的情况下只会带来最小的回报，在最坏的情况下却是灾难性的，可能不值得承担。此外，如果一个重大的风险能以微小的损失为代价，带来巨大的收益，那么它可能是值得的。所以，当你考虑风险时，要考虑到这一点。

请记住，人们（我指的就是你）更倾向于承担能带来巨大收益的风险，即使潜在的损失也很大。此外，我们低估了我们喜欢的活动带来的风险，而不是我们不喜欢的活动带来的风险。你更有可能低估做一些你能控制的事情的风险，比如开车、滑雪或跑下楼梯。事实上，当你心情好时，比起你感到沮丧、生气或害怕时，你更有可能低估任何风险。

这本身就是一个风险：如果你的大脑不能保持活跃和警觉，你就不能发现你应该意识到的风险。专注于更大的风险，这一点尤其正确。所以，如果你为自己感知到的飞行风险担心，你可能会忽略把护照留在家里的风险。

累积风险也要警惕。一些决策涉及一系列潜在风险，比如，成本增加、关键人员离开、比计划花费更长时间、质量达不到要求。如果你低估了所有这些因素，那就可能大大低估了整个项目的风险，因为其中一些风险可能会助长其他风险的发生。

你需要意识到自己对风险的感知。

法则
092

警惕确认偏误的陷阱

你需要避免草率思考的所有陷阱，这意味着你需要时刻警惕它们。有些小错误让我们相信自己的思维比实际更敏锐。我们不想感觉自己很聪明，我们想变得更聪明。我们想要发现陷阱，这样我们就可以在落入陷阱之前采取规避行动。

我在法则 76 中提到，思维中的一个败笔就是相信事实、数字和统计数据支持你的观点。当你搜索信息或分析你所呈现的事实来支持你的论点时，就出现了“确认偏误”。这是一件让人非常舒服的事情——它使你走上正轨，并减轻了你改变主意的努力或让你免受丢面子的尴尬。一切都很好，很简单。

除非你是一个成熟的思考者，否则，聪明的想法并不总是让人舒服或愉快的。有时它意味着重新评估我们的信念或改变我们对某一主题的整个方法。这是成为一流思考者所要付出的代价。这对你来说不再是“美好和舒适”的。

听着，事实可帮不了你。它们不想支持你，并证实你的想法。

它们只是事实而已。有时它们可能会碰巧加强你的观点，但有时也会反驳你的观点。它们就是这样。你要做的就是冷静地去理解它们的意思，因为它们没有义务告诉你任何事情。

假设我调查了 1000 个人，问他们最喜欢什么品种的狗。让我们想象一下，按年龄划分，投票给拉布拉多犬的最高比例是 8%。这是一个事实，它并没有试图告诉你任何事情。就是这样。

一位喜欢拉布拉多犬的人在得知拉布拉多犬比其他品种更受欢迎时，感到很高兴，但并不感到惊讶。这就是他一直认为的——拉布拉多犬当然是最好的狗了。那又怎样呢？一位讨厌拉布拉多犬的人正在看这些数据，他也感到自己的想法被证实了。事实跟他想的一样！只有不到 10% 的人喜欢拉布拉多犬。92% 的人没有把拉布拉多犬排在第一名。

那么谁是对的呢？当然，在某种程度上，俩人都对。他们都正确地解读了数据。但他们的解释却截然不同，因为他们都陷入了确认偏误的陷阱。看到了吧，这对他们俩来说都很容易吗？没有必要怀疑到目前为止他们是否错了，没有必要重新考虑其他人是否真的分享了他们对拉布拉多犬的看法，没有必要在其他拉布拉多犬爱好者（或拉布拉多犬讨厌者）面前丢脸。

听着，如果你想了解任何事情的真相，就必须质疑你对事实的解释，质疑你自己的思维过程。这可能并不总是令人愉快，但你必须这样做。

聪明的想法并不总是让人舒服或愉快的。

法则 093

不要相信统计数据

“87% 的统计数据都是现场编造的。”我经常引用这一事实，虽然有时会把 87% 说成 56%。

你不能真正理解统计，除非你明白人们是如何利用统计来诱导你同意他们的想法的。统计数据是支持论点的一种非常有吸引力的因素，因为它看起来像事实，容易误导人。用统计的形式表现事实是完全可能的，但在你彻底检查之前，你不应该假设这就是你所看到的。你是一个严肃的批判性思考者，你不会让任何人欺骗你。

首先，你要经常检查信息的来源，以及谁为信息付费。你确定信息不带感情色彩吗？样本的规模是多少，是 1 万人还是 8 人？他们是谁？如果是民意调查，会问什么问题？假设有人问你以下两个问题：

- 你相信选择的自由吗？
- 你认为政府应该阻止人们酗酒吗？

我想，对第一个问题回答“是”的人会比对第二个问题回答“是”的人多，但这两个问题都可以被纳入对酒精态度的调查，这取决于它想给人什么样的印象。

这是操纵事实的另一种常见形式。如果你拥有一家书店，去年只有 10 个顾客，现在有 20 个，你可以说你的顾客数量翻了一番。没错，但你只获得了 10 个真正的客户。对于一家典型的书店来说，我得说你已经陷入了困境。同样，如果你的客户从 100 人增加到 150 人，你可以说去年你的客户只有现在的 2/3，或者你可以说你的客户群增加了 50%。两种说法都是对的，但它们给人的印象不同。

图形和图表给了那些“讨厌的”统计学家更多的空间来误导你。最明显的例子就是图表左边的数字不是从 0 开始的。想象有两列数字，一列显示 155 个单位，另一列显示 160 个单位。它们的高度相当，对吧？现在假设你的条形图的起点在左下角，不是从 0 开始，而是从 150 开始，因此只显示每一列的顶端。其中一个显示 5 个单位，另一个显示 10 个单位，高度翻倍。这种技巧以及它的变体都是为了欺骗你。千万别上当。

还有一件事需要提醒：没有人会向你展示与他们的论点相矛盾的统计数据。所以，你要经常考虑甚至研究是否有其他的统计数据可以提供完全不同的观点。哦，当然这也可能以一种误导的方式呈现。

没有人会向你展示与他们的论点相矛盾的统计数据。

法则 094

揭开细节的面纱，看穿相关性的真伪

有时候，有人会试图说服你接受两份数据是相关的信息。他们甚至会给你展示图表来论证这一点。他们通常是对的，但并不总是对的。作为一个熟练的批判性思考者，你不会只看表面价值，对吧？你要揭开每个细节的神秘面纱以确保相关性是真实的。

论证的第二阶段是推理。如果这两件事相关，那么它们之间必然存在因果关系：一个必然导致另一个。这是一个真实的例子：在一个特定的群体中，吸烟的人越多，肺部疾病的发病率就越高。那是因为，我们都知道，吸烟会导致肺部疾病。

你可能会更惊讶地发现，美国缅因州的离婚率与人造黄油的人均食用量密切相关。这绝对是真的。但完全是巧合。看到了吗？仅仅因为最初的数据是准确的，并不意味着你可以推断出两者之间的任何联系。

当两组数据（我们称它们为 A 和 B）相互关联时，你应该考虑四种可能的解释：

- A 导致 B。
- B 导致 A。
- A 和 B 之间根本没有因果关系。
- A 和 B 都是由其他原因引起的。

我给你们举一个经典的例子。在夏季，冰激凌的销量和谋杀案件的数量以类似的速度上升。然而，如果认为它们中的任何一个导致了另一个，那就错了。事实上，有一个外部因素，那就是"天热"，可以同时解释这两种现象。

假设你确定了发生最少碰撞的汽车的品牌和型号。如果你（一个 20 多岁的男人）出于证实自己想法的目的而买了这款车，那么你发生事故的可能性就会降低。完美！你可能会这么想。现在让我告诉你，这些车发生事故较少的唯一原因是它们特别受中年女性司机的青睐。这就是事故统计数据倾向于支持这个车辆型号的原因。

这也是为什么你需要调查你得到的任何数据的来源，并询问谁接受了调查或参加了试验。长期以来，人们注意到接受生育治疗的女性更有可能患上卵巢癌，而治疗中使用的激素可能是罪魁祸首。医生们现在认为，这些数据背后的原因是不孕本身，而不是治疗方法。当然，受试者群体都是接受治疗的女性，这一点必须考虑在内。

你要揭开每个细节的神秘面纱
以确保相关性是真实的。

法则 095

不能证明某事是真的，并不意味着它就是假的

你相信心灵感应吗？有些人即使不与其他人在一个房间里，也能知道对方在想什么？

伪科学思维中最普遍的元素就是：如果你不能证明某事是真的，那它就是假的。很多人会告诉你，因为这些事情没有科学证据，所以它们不可能是真的。但请记住，曾经有一段时间，科学还不能证明地球绕着太阳转，但并没有阻止地球绕着太阳转。

我不是说我相信心灵感应，但也不对此嗤之以鼻。遗憾的是，我不相信魔法（我希望我相信），所以我个人认为，如果它是真的，那就会有一个理性的科学解释，只是还没人发现。我有一些经验似乎支持心灵感应的论点，但不能证明那些经验不只是令人惊讶的巧合[㊀]。

所以，不要因为没有证据就轻易排除这种可能性。显然你得在这里施展你的聪明才智。物理学家会告诉你，几乎所有的物理

㊀ 记住，如果这些巧合从未发生过，那真是令人惊讶的巧合。

学理论最终都是无法证明的。此外，放眼科学之外的世界，我有理由认为我的家人是爱我的，尽管我只是听信他们的话。

但是，不要把证词误认为证据。我认识一些人，他们会把自己的经历当作证据，这令人恼火。例如，如果你告诉他们，研究表明，拥有棕色眼睛的人更擅长数学（是的，这是我编的），他们会马上告诉你这不可能，因为他们的朋友真的很擅长数学，而且眼睛是蓝色的。不接受反驳！或者他们的另一个朋友有棕色的眼睛，但数学很差。

优秀的思考者知道这样的争论毫无意义。（我编的）数据并没有说所有拥有棕色眼睛的人都擅长数学，也没有说眼睛并非棕色的人都不擅长数学。只是，与其他眼睛颜色相比，擅长数学与棕色眼睛的相关性更高。一个人的经历可能是出乎意料的，但这并不能否定我所有的（一丝不苟，来之不易）研究成果。此外，许多看到这些数据的人往往会注意到例外情况，因为他们与众不同。因此，虽然他们可能会立即想到一个有数学头脑的蓝眼睛朋友，但实际上，如果他们调查了他们所有朋友，结果可能会证实我自己的研究。可惜那是我瞎编的。

所以，不要因为混淆了证词和证据，或者认为一些未经证实的东西不可能是真的而感到内疚。保持开放的心态，尽可能不偏不倚且客观冷静地评估你得到的所有数据。

不要因为混淆了证词和证据而感到内疚。

法则 096

不要随波逐流

如果你是天生的随大流者，总是想融入群体，就会发现批判性思考更具挑战性。作为一名团队成员，融入团队的行为当然没有错，但这不会让你的事情变得容易。你要明白，一件事不会因个人意志而自动改变，这一点非常重要。我在法则 1 中谈到了这一点，以及它对你的价值观和信念的重要性。

当涉及批判性思考时，这也很重要。如果我们都以同样的方式思考，都遵循同样的逻辑路径，怎么会有人萌生新的想法呢？如果达尔文只是假设其他人都是对的，那么他会如何发展他的进化论呢？当其他人都很喜欢打猎和采集的时候，早期的人类怎么会想到在一个地方定居并耕种土地呢？

历史上那些伟大的革新者并不是借用别人的想法而获得成就的。你应该始终知道你的信念背后的原因，请遵循你自己的思路，永远不要依赖于“每个人都这么说”或“每个人都这么想”之类的说辞。假设只是懒惰思考的一个借口。无论假设的理由是什么，思考法则玩家从来都不会懒惰。

实际上，说句题外话，你偶尔可以在思考中偷懒，但有一个条件：你必须知道你为什么懒惰，并有意识地决定就这一次放过你自己——当你筋疲力尽地结束一天的时候，或者当你无法面对一个从不让步的人的争论的时候（尤其是如果你也从不让步的话）。

当然，有些事情（甚至很多事情）你会和其他人想的一样。有一些公认的观点是相当不容争辩的。例如，汽车行业的每个人都认为汽车尽可能安全是很重要的。我很乐意地附和这个观点。然而，仍然值得注意的是，如果你在汽车行业工作，这是一个你可以表达同意的普遍原则。

但我怀疑，汽车行业的大多数同事还认为：汽车应该设计得尽可能快速；引擎应该放在前面；雨刷是清洁挡风玻璃的唯一工具；后排的中间座位不一定要像两边的座位那样舒适（我从来没有注意过这个问题）。你确定你应该盲目地跟风，仅仅因为其他人都这么做吗？也许其中一些是正确的，但如果你不质疑那些广受欢迎的假设，就永远不会知道。

假设只是懒惰思考的一个借口。

法则
097

不要因为你想相信就去相信

我常常好奇，为什么有些人狂热地相信那些根本经不起认真检验的阴谋论，或者在很多情况下连最粗略的调查都经不起的谬论。以地平论者为例，他们为达目的而把事实强绑在一起，假设各种谎言和阴谋说辞，以便将他们的理论硬塞进一个站不住脚的论点。

你可能非常清楚“奥卡姆剃刀定律”，名字很奇怪，但确实是一条科学定律，它指出最简单的解释通常是正确的。然而，对于各种阴谋论者来说，解释从来都不简单。部分原因是，如果是这样，那就可能是真的。但我怀疑，如果是这样，那就没有乐趣了。

我的结论是，大多数人相信不可能的理论是因为他们想这样做。就是这么简单。我肯定他们不会承认这一点，因为那样会削弱他们的论点，但我从没遇到过这样的人——支持一个不太可能的理论，但却似乎不喜欢该理论。我必须承认，我偶尔也会被“带进沟里”，因为我喜欢有趣的故事，而阴谋论通常比平淡无奇而令人失望的真实解释有趣得多，情节也要好得多。

对于大多数持怀疑态度的人来说，这些阴谋论看起来像一派胡言。但这只是我们时不时会做的事情的一个极端例子——相信一件事是因为我们想要相信，而不是因为理性的论证告诉我们它是真的。

我们想要相信社交媒体对我们有好处，我们想要相信我们支持的政党比其他政党更好，我们想要相信我们的伴侣没有欺骗我们，我们想要相信我们的产品有市场，我们想要相信宠物狗今天不喜欢散步。不管有多少反对我们的证据堆积起来，我们仍然对它们睁一只眼闭一只眼，只看到支持我们（想要相信）的理论的少数证据。

你最需要质疑的思想、信仰和想法，是那些你喜欢的、你想要坚持的、在某种程度上符合你利益的思想、信仰和想法。

一旦你意识到你在思考自己想要思考的东西，这就是一个信号，表明你需要彻底地审视自己的信念和观点，并辅以诚实和自我评价的双重帮助。

你最需要质疑的思想、信仰和想法，是那些你喜欢的、你想要坚持的、在某种程度上符合你利益的思想、信仰和想法。

法则

098

唱反调，做魔鬼的代言人

无论你多么想批判性地思考，多么想出于最好的理由去相信某事，多么想考虑所有事实，多么想避免被统计数据、太多的信息或确认偏误所愚弄，你怎么能确定你的想法是最好的呢？如果你真的认为你被某个论点说服了，但实际上你在不知不觉中被你想要相信的东西所左右呢？

答案是假装你是另一个人，一个与你持有不同观点的人。前进吧，好好辩论。在你的想法或信念中挖掘破绽、找出漏洞、突出弱点。想象一下，你自己的观点被一个你不喜欢的人持有，你不愿意同意他的观点。那你就对他粗暴一点，让他觉得自己很渺小，让他知道他的观点有多可笑，强迫他承认自己错了。

是的，这个“他”就是你自己。但你需要挑战你自己的观点和意见、你对数据的解释、你的建议。为了证明你的想法是合理的，你需要确定你的想法真的经得起推敲。更重要的是，如果有人试图与之争论，你需要确保它经得起推敲。即使你不改变主意，你也会找到更多对你有利的论据，这将让你在面对下一个挑战时准备得更充分。

所以，想象一下，你想在一场辩论中击败的人，在你提出反对意见的时候，持着你最初的观点。试着大声说出来，同时扮演两个角色（也许不要在公共场合——你不想因为在街上和自己争吵而被抓起来吧）。

如果你设法改变了自己的想法，那就奖励自己，尽管我更愿意认为，在这个测试论点的阶段，你会更经常地让自己确信你是对的，而不是成功地改变你的观点。然而，随着时间的推移，你从来没有改变自己的观点，那你应该为此担心——如果你做得正确，应该有一些时候让你改变你的观点。180 度大转弯可能很少发生，甚至不太可能发生。但你应该把一次成功的 180 度大转弯作为整个过程的重大成功，而不是对你之前立场的消极反思。毕竟，事实证明，这只是一个中途点。

唱反调还有一个好处，那就是它拓宽了你从别人的角度看问题的能力。作为一项生活技能，你要看到争论双方的力量是很难夸大的。你要更懂得共情，成为一个更好的思考者。所以，通过唱反调来测试你自己的想法，不仅对你眼前的想法有价值，而且对你整体思维的发展也有价值。

前进吧，好好辩论。

法则 099

不要封闭自己的思维

当信息变化或主流观点转变时，你的信念会发生什么变化？你会改变主意还是去适应新的转变？抑或，你一直坚持你的想法——那时候够好，现在也够好，不是吗？

这是很多人的态度，但这根本没有意义。我们知道人们一般不喜欢改变，至少在他们无法控制改变的时候会这样。但你看，科学的进步依赖于修改甚至废弃旧理论。当新的数据出现时，科学就会推翻旧的理论。牛顿的引力理论足够好，直到爱因斯坦指出，该理论只能到此为止了。

这不仅仅适用于科学。下面以社会态度为例。在我年轻的时候，西方对种族、性爱、女性的态度与现在大不相同。如果每个人都坚持他们成长过程中的偏见，事情的变化甚至会比现在更慢。这并不是因为每个人最初想到的想法毫无疑问是正确的。社会观点发生变化的原因不仅是因为年轻一代的观点更加平等，而且因为许多老年人也随着年龄的增长而调整他们的思维方式。他们被自己听到的观点、目睹的态度和遇到的人所折服，他们的心胸足够开阔，认识到自己旧的思维方式已经过时了。可惜他们中没有更多人加入其中。

社会态度的变化是非常缓慢的。除非事情进展得非常缓慢，以至于你几乎没有注意到自己的想法在改变，否则，大多数人一旦下定决心就不会改变自己的想法。我不是在谈论长期的态度，而是支持更直接的论点。一旦你决定搬家，或者推出某个产品线，或者成立一个当地的女子足球队，或者成为素食主义者，或者降低产品价格，你就很容易把这个信念牢记在心。当你还在做决定的时候，你可能已经仔细考虑过了，但你现在封闭了自己的思维，认为这是板上钉钉的事儿，是时候停止思考，锁定你的决定并继续行动了。

嗯……谁说你仅仅因为在做什么就必须停止思考？这种想法不应该是一成不变的。这说不通。如果有新的信息出现，你为什么不重新考虑或者修正你的观点呢？人们过去认为吸烟对身体有好处，尤其是在你的肺真有病的情况下。可是，如果你吸烟，你的肺很可能出毛病。然后，科学家们提出了新的信息，表明实际上吸烟是非常不健康的。你认为现有的吸烟者应该忽略这些新信息吗？你当然不这么认为。

你决定搬家。现在假设你遭受了巨大的经济打击，或者你已成年的儿子想要搬回来和你一起住，或者房地产市场发生了意想不到的变化。只有重新考虑你的决定才有意义。你可能会坚持下去，也可能不会，但你需要敞开心扉接受改变。所以，永远不要对任何事情都抱着绝对的态度，或者至少要等到有新的信息出现，然后再次检查你的观点是否仍然有效。

谁说你仅仅因为在做什么就必须停止思考？

法则 100

观点不是事实

我记得我在本章的简介中说过，在批判性思考中没有感情存在的空间。然而，我应该指出，许多“理性”的论点实际上是情绪化的，根本不理性。你需要能够识别它们，不管这是你自己的观点还是别人的观点。

在英国，关于我们是否应该加入欧盟的争论已经持续了大约半个世纪。在任何阶段，无论我们加入还是离开，无论我们签署这个条约或那个条约，辩论双方都热情地提出自己的观点。你可能会想，现在这个国家应该已经知道哪个是正确的答案了。争论的焦点在哪里？他们不知道，而且可能永远也不会知道。

为什么不知道呢？因为答案没有对错之分。在他们得到答案之前，没有人真正知道经济、移民和工业会发生什么改变，都是些预测、假设和最坏的情境。所有那些声称事实支持他们论点的人都是在自欺欺人。如果事实能连贯地支持一种观点，那么，我们几乎都会被事实所折服。

所有这些人只是持有一种主观观点。这是由他们的内心而不是头脑所驱动的信念。所有这些信念都是可以理解的，但不幸的是，它们并不都是相互兼容的，这就是为什么没有达成一致。每个人都可以找到支持自己观点的例子、数据和论点，显然每个人也可以忽略那些不支持自己观点的例子、数据和论点。

这就是为什么有人说你永远不应该讨论政治或宗教，因为这总是会导致喋喋不休的争吵。人们不会通过理性的争论来改变他们对这些观点的看法，因为它们不是理性的观点。它们是有效的信念，但它们不是通过逻辑推理得到的，不会给逻辑推理让路。然而，人们喜欢辩论，就好像他们的信念是理性的。当人们不得不为自己的非理性立场辩护时，争论可能会变得极端激烈，因为一组事实和统计数据可能会提供一个严重的挑战。

我不知道为什么人们没有更多地意识到这一点，为什么他们觉得这样说是不可接受的："我对逻辑论证不感兴趣，谢谢。这是我内心的信念，我觉得没有必要理性地捍卫它。这不是基于事实，而是基于我个人的价值观。"

然而，实际上我们要做的是基于我们的价值观采取立场，然后用我们认为合乎逻辑的推理将其合理化，使用各种事实和例子来支持我们自己。

持有这些非理性的信念是可以的，但要有自我意识。当别人比你更存心这样做时，你要意识到你永远无法在争论中击败他们，因为这不是事情的运作方式。如果你想争辩，那就争辩吧，但接受非理性的信念不会给你带来任何好处。

它们是有效的信念，

但它们不是通过逻辑推理得到的。

第十章

附加法则：冷静思考法则

我们已经在一本书中看到，我们的感受方式很大程度上受到我们思考方式的影响。所以，这里有 10 条附加法则，让你的思维进入一个平静的状态。如果你容易焦虑、担心和感到压力，这些方法都可以让你有意识地驱使这些感觉回到更放松和平静的状态。

焦虑的问题之一是它可能会自我延续。你内心深处的一个小小的烦恼可能会变成一个大大的担忧，最终会变成一场想象中的灾难，让你所有的感官都处于高度戒备状态。如果你遵循一次这个模式，你的大脑就更容易一而再再而三地陷入这个模式。就像一个社交媒体的推送思路一样，不断地给你提供你开始搜索的更极端的版本，所以你的大脑会不断地喂养你的焦虑，直到它变得更强大且更频繁出现。除非你智取，积极地让自己冷静下来。

我希望这些法则会对你有帮助，无论你是一个偶尔发愁的人，或者感觉像一个习惯性焦虑的人。冷静是一种心态，当事情开始发生时，你可以让自己冷静思考。你只需要懂得如何静下心来去思考。

法则 001

不纠结，从正确的视角看待事物

焦虑的问题在于你无能为力。如果你担心一件你能解决的事情，就会解决它。但是我们经常担心我们无法控制的事情，所以除了在你的脑海中反复思考之外，别无他法。你会非常重视这件事，但也是徒劳。

很明显，最好的办法就是不去想这件事，有时候我们能做到。然而，我们所有人都会有这样的时候（也许有些人比其他人更频繁）：焦虑变得太大而无法忽视。当这种情况发生时，你也无力掌控，潜在的恐惧会比实际更大。

所以，你能做的第一件事就是动用你的理性大脑来评估真正的风险或危险。假设你的伴侣回家晚了，还没有联系你，你担心他发生了什么可怕的事情。与其杞人忧天，不如想想这种可能性到底有多大。这种情况以前发生过吗？几乎可以肯定的是，这种情况一直都在发生。在过去，发生过什么可怕的事情吗？我的猜测是，以前的结果总是不错的。那为什么这次不行呢？从统计学上讲，我也会这样押宝。

你的伴侣没有联系你的原因有很多。他在开车，不能停下来用手机。他的手机没电了。他乘坐的火车停在了隧道或地下。他没意识到你会担心。他误以为他提过要晚回家。无论如何，如果发生了什么可怕的事情，很可能有人会很快通知你。所以，如果你没有听到任何消息，那就更有可能一切都很好——没有消息就是好消息。

也许你的身上出现了一种从未有过的陌生症状，你害怕你得了某种恶疾。再问一次，这种可能性有多大？查看相关统计数据并获得正确的透视感。当然，如果你需要的话，去检查一下，但同时记住，更有可能的是什么都没发生。

我明白，如果过去的统计数据让你坐立不安，这就更难了。如果你的伴侣曾经因为被抢劫而晚回家，或者你过去被诊断出患有严重的疾病，这会让你很难过。然而，如果你理性地思考，就会知道那种病的复发率很低。你更需要好好思考，不要让你的负面情绪控制你。

透视感并不总能让你完全平静下来，也许它能在一段时间内让你平静下来，或者它能让你远离最糟糕的心灵小魔怪。这是一个很重要的步骤，和我们将要介绍的某些其他法则一样，可以让你以一种更放松的心态思考。

动用你的理性大脑来评估真正的风险或危险。

法则 002

设想一下最好的情况

你姐姐的家人要在这里待上整整一个周末，你真的很担心你的伴侣会和她大吵一架。他们从来都合不来，一般来说，他们最多能做的就是保持礼貌地在一起度过一个晚上。或者，老板发邮件让你明天一大早到她办公室，你就担心自己有麻烦了。

如果你越来越焦虑，你会想象各种可怕的场景。比如，你的伴侣和你的姐姐在家里吵架，或者你的姐姐摔门而出，拒绝和你说话。你的老板告诉你，有人投诉你，或者他们正在重组团队，但没有留下你的工作空间。

但是为什么呢？为什么你会选择这些场景在你的脑海里反复播放？因为你知道，你有选择的余地。所以，为什么不想象一下你的伴侣和你的姐姐发现了彼此有共同语言，一起开怀大笑呢？或者，老板打电话告诉你，她对你最近的报告印象深刻？不知何故，每次当我们担心的时候，我们都会选择最坏的情况，这助长了我们的焦虑。如果你的伴侣回家晚了，你会担心他发生了可怕的交通事故，不幸身亡或受了重伤。但大多数事故都是轻微的，所以，即使他撞坏了车，也更有可能是轻微的撞伤，而他自己却安然无恙。所以，如果真的撞了车，你为什么不想象这种轻微事故呢？

听着，一定程度的担心是健康的。如果你已经为周末家庭聚会上的争吵做好了准备，那么避免此事发生就更容易了。在周六安排一个你的伴侣不会参加的外出活动，或者邀请另一个家庭来一起度过一个晚上，这样可以让你的姐姐和你的伴侣保持一定的距离。但是，一旦你让担忧促使你采取明智的预防措施，就没有其他收获了。所以，你应该做最好的准备，而不是最坏的打算。

你可以花一个星期的时间为你的家庭周末聚会而烦恼，然后发现一切很好。但也不是完全没问题，因为你已经为这件事（毫无意义地）苦恼了一周。你可能整晚睡不着，因为担心你的老板会对你说些什么，然后，当他只想和你讨论下周的演示文稿时，你就没事了。唯一的遗憾就是你一夜没睡好。

因此，你不妨通过想象最好的情况并享受这种期待的感觉，以改善你可以控制的部分。你做得越多，你就能更好地训练你的大脑，用更高效的新思维取代旧的思维习惯，这样无论发生什么，你都能轻松地面对，记得睡个好觉。效果真的不错，几乎每次都成功。

为什么你会选择这些场景在你的脑海里反复播放？

法则 003

忆往昔，找到看待事物的正确视角

紧张和担忧的问题之一就是你会陷入当下的困境。你变得过度关注让你焦虑的情况，你无法真正看到更远的地方。本章的法则 1 是关于从正确的视角来看待事物的，而这条法则是关于找到看待事物的正确视角的。你需要跳出当下的焦虑，认识到大多数的担忧都只是过眼烟云。无论它们现在如何吞噬你的思想，一旦你面对它们，无论好坏，它们都将成为过去。

你可能会对一大堆必须完成的文书工作或管理工作感到焦虑。或者你可能担心你必须进行一次长途旅行——也许是你以前从未去过的地方，或者你不喜欢坐飞机。也许有一个重要的面试即将到来，或者是一个艰难的社交活动即将到来。我们所有人可能都会看着清单上的一些事情，认为“那不会困扰我”，但总会有困扰我们的事情。对很多人来说，这是旅行、最后期限或某种社交活动（你可能会泰然自若地接受面试，但害怕出席你的前任会参加的婚礼）。

看待这些事情的最佳方法就是不要在这一刻担心，想象自己在另一个时刻的情景。憧憬未来的某一刻！可能是提前一个星期（在那次长途旅行之后），或者提前一个月（婚礼已经结束），甚至提前一两年。

另一种方法是回顾上周或去年给你带来压力的事情。还记得去年 11 月那个你认为自己无法按时完成的噩梦般的项目吗？还记得你手臂上的肿块，让你惊慌了一个星期，结果什么也没有发生吗？还记得你害怕了好几天的 6 小时汽车轮渡吗？你不再担心这些了，是吧？不管是好是坏，它们都已成为过去。

好吧，一切都过去吧。给点时间，一切都会过去的。现在你可以帮助自己，把自己投射到那个时刻，想象自己在回顾过去的一切焦虑。看，这只是其中的一个坎儿，而你已经渡过了所有难关。当然，你不喜欢旅行或最后期限之类的事情，但你以前应付过，你会再次应付得很好。只要正确看待这件事，这一切很快就会成为过去。

跳出当下的焦虑，

认识到大多数的担忧都只是过眼烟云。

法则 004

不要把困难想成灾难

如果你以前没有听说过“灾难化”这个术语，我来解释一下。灾难化是指你陷入了焦虑的“深井”，一个消极的想法导致一个更糟糕的想法，一个比一个糟糕，在你意识到这一点之前，你已经处于一种近乎恐慌的状态。

其中最常见的是健康问题。前一分钟你身上出现了一个无法解释的轻微症状，下一分钟你就担心自己得了癌症。“灾难化”频发的常见领域包括环境问题（你会说服自己，20 年后我们都将死去），或者政治问题（例如，迫在眉睫的战争）。但是有很多事情可以选择。你可能会因为朋友没有迅速回复你的信息而烦恼，因为你曾经深深地冒犯了他们，或者当事情没有完全按计划进行时，你会担心自己搞砸了一份重要的合同。

“灾难化”的典型表现是，从一个消极的想法开始，然后把它放大到不成比例的程度，同时放大你的恐惧到极点。所以，你开始认为你前臂上的痣很明显，也许非常明显，也许是癌变的前兆……然后你想象各种各样的场景，这种特殊的癌症最终是致命的。

当然，上一条法则推进了这一条法则，比如，获得一种视角（癌变的可能性有多大呢），设想最好的情况（它只是一颗痣），从下个月开始回头来琢磨这事儿（我还想起了去年的皮疹……）。但实际上，最大的帮助是简单地认识到这颗痣的本质。这不会解决所有问题，但肯定会让你走上正确的道路。

用你理性的、思考的大脑来观察你自己。认识到自己在做什么，并大声对自己说："哦，看，里奇，你又把小事情想成大灾难了……"然后，观察自己的动作。你甚至可以不断给自己留言："你现在认定这是癌症了吗？是的，你已经确信了。你想去医院做活检吗？接下来就是你与医生关于恶性肿瘤的对话了吧……"你的意识越活跃越好，因为你的潜意识正在失去控制。

当我把事情"灾难化"的时候，我还有另一条法则（是的，我们都这样做，尽管我最近控制得更好）。不要上网搜索世界末日的场景、健康网站的网址或环境灾难的案例。这真的没有帮助。

观察自己的动作。

法则 005

不要焦虑，不必恐慌

焦虑会让你陷入一种对事物近乎恐慌的状态。当你的思维开始加速时，你只是不知道如何控制所有这些想法，这是一种可怕的感觉。假设你有很多事情要做，你担心自己不能在最后期限完成。一旦你开始慌乱，你就失去了确定从哪里开始、首先处理什么和如何处理超负荷工作的能力。

这是一种常见的反应，感觉很糟糕。而那些纷乱的想法是这种反应的根源——那些想法不会静止不动地等着你把它们整理好。无论是工作项目的最后期限，还是你需要为假期做的一切准备，你都无法控制自己的思想足够长的时间去做任何一件事。

嗯，所以，你要做的是放慢你的思考速度。让它静止不动，等你下令，让它变得有意义。最好的方法就是把事情写下来。当你这样做的时候，你的大脑会自然地放慢到写作速度，这使你更容易清晰地思考。

在可能的情况下，写下某种待办事项清单是合乎逻辑的。你是写下了每一项详细的任务，还是仅仅记下了关键要素，这并不重要。换句话说，如果你正在准备度假，你可能会记录一些东西，比如旅行所需的食物、打包、文件等，或者你可能想要逐项列出食物清单、文件清单、打包清单。记住，这一阶段的真正目的是写下任何能帮助你停止慌乱的东西。你可以现在就把事情列出来，其实以后再列也可以，这不是现在急需解决的问题。

现在你有了一个清单，无论是广泛的还是详细的，你都可以用它来帮助你一次处理一件事。你把你的想法写在纸上（或屏幕上），并以你可以读出来的速度思考。你可能马上就能做到这一点，或者你会发现这有助于进一步整理你的清单。也许你可以按A、B、C或颜色等来排序；或者按照逻辑分组，我指的是采取行动的逻辑。例如，你需要去商店买的东西，你需要早点开始做的事情，你需要和老板讨论的事情。

如果你不是那种喜欢列清单的人，那也没关系。你写下来是为了帮你控制自己的思考速度，仅此而已。然而，如果你能通过其他方式让你的思考速度慢下来，那也很好——也许是呼吸练习，或正念，或体育锻炼，或者分散你的注意力。我喜欢从三开始倒数，或者试着找出五个以“麻辣”开头的美食。我有一个朋友会播放她最喜欢的音乐，然后闻歌起舞。我还有一个朋友会在网上看喜剧小品。你也可以使用写作技巧来记录你的想法或表达你的感受，而不是创建一个实用的清单。你仍然会把满脑子的想法从你的大脑中赶出来，并且把它们写在纸上。这些让你分心的事情都能让你专注于当下，帮助你打破思维循环，这样你就能神清气爽地回归主题。你要知道，如果是不必要的担心，那就根本不要去担心。

你要做的是放慢你的思考速度。

法则 006

准备一份备用计划

我有个儿子已经成年，他最近和他的伴侣乘火车去度假了。这段旅程长达几百英里（1 英里 =1.609 千米），共需换乘七次列车。大多数列车班次都有 30~40 分钟的空闲时间，所以很舒适。但在 4 号或 5 号列车之间的附近某处有一趟紧密的联程列车，只有 10 分钟的中转时间。小夫妻俩预计这次转车应该来得及，但 2 号列车晚点了，而且严重落后于预定时间……

想一想，你在火车上干等着，明知道自己会在五六个小时之内错过班次，却无能为力。如果你有这种倾向，这是相当令人焦虑的。我的儿子知道，如果他们不能及时赶上哥本哈根的夜间火车，那么，直到第二天早上才会有其他的可乘列车，他们的旅程就会进一步落后。像我们大多数人一样，他会对这种事情感到非常焦虑。他保持冷静的方法是，如果发生这种情况，他会想出一个备用计划。他查了火车时刻表，想知道他们的车票在哪趟火车上有效，如果他们迟到了，他们要逗留的地方会发生什么……他想出了一个方案，虽然是次优方案，但却是完全可控的。

因此，他在旅途中得以放松（也许不是完全放松，但已经足够了）。这就是这条法则的意义所在：如果你准备好了备用计划，你就能更好地应对首选计划没把握奏效的压力。我记得，孩子们从小学升入中学的时候，家长们非常焦虑，他们担心自己的孩子能否在心仪的学校获得一席之地。最焦虑的是那些无法接受其他学校的家长，而最不焦虑的是那些已经环顾了当地其他学校，并有一个可行的备用计划的家长。

次优计划可能不是最理想的（显然这不是首选计划），但能带给我们足够的安全保障。

这是你的备用计划，一个安全保障。没有人想摔倒，但如果你不能接受摔倒的风险，你会摔得更远、更惨。知道风险存在的事实会减轻你的焦虑。

所以，如果你担心有其他选择，确保你列出了最好的选择——或者最不坏的选择——以防出现问题。记住，你这样做不仅是为了防止你的计划失败，还为了让你在坐等事情如何发展的时候保持冷静。所以，即使一切顺利（但愿如此），你的备用计划也不会白费，因为它的存在本身就能帮助你应对一些事情。

没有人想摔倒，但如果你不能接受摔倒的风险，
你会摔得更远、更惨。

法则 007

用词须推敲，感情给理性让道

本书中的法则 30 讲述的是潜意识里的语义学。你的潜意识在倾听。你使用的词语，即使只是留在你的头脑中也会产生影响。告诉自己这是“考虑不周”，比告诉自己“不负责任”更容易认识到自己不可靠。告诉自己“我考砸了”实际上比告诉自己“我这次没及格”会让你感觉更糟……哦，你记得这些东西，或者如果你不记得，你可以回去重新阅读法则 30。

无论如何，这条法则同样适用于压力和焦虑，也适用于你生活的其他领域。你用来描述让你焦虑的情况的词语会影响你的焦虑程度。无论你是对别人大声说出来，还是只将词语留在你的脑海里，请使用你的理性大脑有意识地思考你选择的词汇，确保它有助于使你的情绪平静，而不是让你更加焦虑。

假设你要去旅行，必须坐飞机，这让你感到焦虑。我们很多人都遇到过这种情况。大多数人会说“我讨厌坐飞机”，或者

“我害怕坐飞机”。你的潜意识听到这些，就会为即将到来的旅行增加压力。所以，为什么不说“我不太喜欢坐飞机”或者“这不是我最喜欢的旅行方式”呢？这仍然是正确的，但远没有那么极端，随着时间的推移，这些看似微小的变化可能会对你对坐飞机旅行的态度产生很大的影响。我并不是说它会把你变成一个喜欢坐飞机的人，迫不及待地想坐一下飞机，但是，把自己看成一个不喜欢坐飞机的人，比看成一个害怕坐飞机的人，压力要小得多。

当然，修改一次你的语言，然后又回到你原来的说话方式，这是没有好处的。你必须使用你的思考技巧来训练自己每次都使用更冷静的词汇，把你的内心对话大声说出来。嗯，这并不总是那么容易，但完全有可能，而且非常值得。

我有几个孩子，他们对家蛛感到不自在。每次他们都告诉我他们遇到的家蛛都是巨大的，是他们见过的最大的蜘蛛。如果这是真的，我很惊讶竟然没有关于家蛛的惊人增长的新闻报道。有一只家蛛在我的一个儿子的房间里住了几个月，我们给它起名叫“膨胀哥”，这是一种不可思议的膨胀型蜘蛛，因为他每次看到家蛛的时候都会说它又变大了很多[㊀]。如果只是普通蜘蛛，而不是“巨型”蜘蛛，也许就没那么可怕了。

你开始有意识地思考这个问题，你会在焦虑时频繁使用这些危言耸听的词语。这是一场危机，还是一个小故障？你是被某种

㊀ 有趣的是，给它取个外号之后，就不觉得它有多可怕了。

结果吓呆了，还是仅仅担心？如果这些词没有给你带来任何麻烦的话，它们本身是很好的，但如果它们干扰了你保持冷静和放松的能力，那就把它们清除掉吧。

这是一场危机，还是一个小故障？

法则008

找不同的朋友聊不同的事情

有时我们把烦恼藏在心里。有时我们发现和朋友交谈会有所帮助。这可能正是你需要的，但这在很大程度上取决于你的朋友。假设你已经到了这样的地步，你觉得有必要和别人谈谈你手臂上的痣，它一直困扰着你。你要打电话给谁?

事实是，在这种情况下，我们倾向于打电话给我们认为会说我们想听的话的那个人。如果你想要关于换工作的建议，你应该打电话给鼓励你跳槽的朋友（如果你想要鼓励的话），而不是那个会建议你坚持你熟悉的工作并谨慎行事的人。有时你甚至不知道你想要什么，但如果你有足够的自我意识，就会从潜意识的选择中精确地找到答案。

好了，回到那颗痣的话题。危险在于，如果你的潜意识感到恐慌，它就会促使你想要和那些会助长这种恐惧的人交谈。它可能会促使你打电话给有兄弟患皮肤癌的朋友，他会告诉你关于皮肤癌的所有可怕的事情，并让你记住在为时已晚之前立即检查是多么重要。

嗯。我不确定这是不是你现在真正想听的。毕竟，我似乎想起了一些法则，我们很确定这并没有什么可烦恼的。所以，也许你可以打电话给别人。如果你有一个对任何事情都很懒散的靠谱朋友，他会告诉你这没什么，只要你忽视它，它就会消失，就像去年的皮疹一样。

不过，这能让你安心吗？还是你会因为他的不屑一顾而更加担心呢？我的意思是，他们甚至不认为他们需要看那颗痣，所以他们怎么能如此确定那只是颗痣？

你看，当你担心的时候，你必须有意识地选择朋友来倾诉。如果我是你，在这种情况下，我会打电话给这样的朋友：他从来没有对这些事情感到恐慌，他会告诉你他以前遇到过的一切虚假警报。如果你担心的话，他还会建议你去检查一下。你可能会（不理智地）预约医生，挂号看病。

鼓励你跳槽的朋友和告诉你忽略那颗痣的朋友，很适合和他们讨论其他事情，或者一起度过一个晚上。我不是说不要和他们做朋友。别因为你的痣打电话给他们。当你焦虑的时候，仔细想想给谁打电话是明智的，以及为什么要这样做。有些朋友会助长你的恐惧，有些朋友会减轻你的恐惧。当然，这取决于你焦虑的性质。所以，每次都要理性地思考，然后和真正能帮助你找到你想要的感觉的人谈谈。

你必须有意识地选择朋友来倾诉。

法则 009

做自己的朋友，把心里话说给自己听

你不是唯一一个有时会感到焦虑的人。大多数人都有一些触发他们焦虑的因素。我敢肯定，你的朋友和家人有时会因为孩子、工作、健康、如何安排每一天、家庭圣诞节、旅行、社交场合或其他任何事情而陷入某种焦虑状态，他们会因此找你交谈的。

当他们来找你，说感到焦虑、害怕或紧张时，你会怎么做？你是个遵循法则的人，所以你会倾听，然后说些你希望能让他们冷静下来的话。显然，你不会告诉他们该做什么——这不是遵守法则的行为——但你确实会帮助他们找到策略，并考虑补救措施。我想，如果你自己也有焦虑的倾向，你应该很清楚什么能帮助他们，因为这是你在担心自己时想听的话。

所以，你知道你担心的时候需要听什么吗？你当然知道。也许不是当时，可一旦你感到放松，注意力集中在焦虑的朋友、母亲或同事的身上，你就完全知道什么有用、什么没用。

很好。那么，现在是时候有意识地记下这些事情了，因为下次你开始烦恼或把小事情想成大灾难时，你可以回放给自己听。做自己最好的朋友。把你想听的话都说出来，不必依靠合适的朋友在合适的时间倾听你。

事实上，你可以做得更好。当别人需要帮助的时候，你可以说一些鼓励的话，同时也得到一些帮助；你还可以把对你有帮助的事情记录下来，记在心里或写成文字都可以。也许这是一个短语，或是一种看待事物的方式，或是一种清理大脑的技巧，或是一种分散注意力的活动。它可能来自别人，也可能是你自己想到的，甚至是偶然发现的。

你可以建立一个真正有用的想法、策略、练习和词汇的仓库，这样，当你的潜意识即将开始焦虑时，你就可以更好地帮助自己。当你思绪纷飞时，你很难想出放慢思考速度的方法，但是，现在你已经有了一组现成的方法来帮助你冷静下来，你不需要在思绪最激烈的时刻去想事情，因为事情都被写下来了，或者储存在了你的意识中，你可以找到它们。

当然，与别人交谈是有帮助的，不仅因为它能让你冷静下来。当你大声说出来的时候，你更有可能注意到你的担忧听起来是不是很荒谬。我们与人交谈还因为我们是社会动物，分享我们的恐惧会让我们得到安慰。跟朋友聊天就是这样！当你在凌晨 3 点不想打电话给某人时，这是一个有用的备用方案，如果你的朋友在你身边，他也会倾听你的声音。这是一种双赢。

把你想听的话都说出来。

法则 010

停止内耗吧，该接受时就接受

有时候，那些在你的脑海里盘旋且让你无法放松的事情，是过去发生过的事情，而你的大脑却无法摆脱那些事情。比如，一场争吵让你后悔当初不该这么做；一场事故让你反复回忆撕心裂肺的场面；一段你觉得不需要结束的关系结束了，或者至少你不希望像那样结束。这些场景会在你的脑海中循环，让你反复感到沮丧、痛苦、愤怒、内疚或害怕。这些都是不愉快的感觉，但你不知道如何屏蔽它们。

你没有晃一晃就能变出奇迹的魔法棒，你不能打破这种模式的主要原因是你的大脑在拼命地重写剧本。如果你这么说了，会怎样呢？如果你那样做了，会怎样呢？如果你能改变这一点或那一点，也许事情会有不同的结果，但也许你就不是现在的你了。

听着，你还是现在的你。重写剧本是没有意义的，因为那是过去的事了。你能做的就是接受。事实上，人们总是说你需要的是“接受”，而没有真正解释这是什么意思或怎样才能做到。那么，让我来告诉你，这些年来我从那些成功做到“接受”的人那里学到了什么。

当你面对一场危机、一场灾难、一次创伤性的经历时，你会陷入僵局。除非你们中的一个做出让步，除非你们中的一个做出改变，否则你们是无法跨越这一关的。所以，你在脑海里翻来覆去地想要改变却无济于事——太晚了，那已经成为过去了。唯一能改变的是你自己。“接受”指的是你接受自己是那个必须改变的人。

一旦你做到了这一点，你就可以停止改变过去，停止不断地以不同的版本重播过去，并专注于你将如何适应当下。事实上，重大事件确实会改变我们。这就是为什么现在的我不再是 18 岁的那个我了。所有这些经历，无论是好是坏，都把我塑造成了另一个人，与 18 岁的自己有关，但也截然不同。这些经历有些是好的，有些是坏的。有些改变是我心甘情愿的，有些则是我不情愿的。有些是突然的，有些则是渐进的，几乎难以察觉。

嗯，不管你喜欢与否，你无法释怀的场景就是那些会改变你的经历。事实上，即使你不喜欢改变，改变本身也可能不是坏事。你越早学会改变自己，而不是试图改变不可改变的过去，你就能越早地把这段经历抛在脑后，不再让它一直萦绕在你的脑海里。

所以，停止内耗吧。不要总想着可能发生的事，而是要专注于你将如何适应现实。这样，虽然你可能永远不会喜欢某些事，但至少你可以将之抛诸脑后，并学会放松身心。

不要总想着可能发生的事，
而是要专注于你将如何适应现实。

第十一章

其他不可错过的人生智慧

我要谈的不仅仅是思考，你懂的。如果你很聪明，你会想要学习那些成功人士在生活、工作、人际关系、育儿等方面的行为方式。通过多年的观察、提炼、筛选和总结，我已经把真正有意义的东西变成了方便的小法则。

我一直希望不要把这些基本的法则延伸得太远，但根据读者的需求，我已经解决了那些影响我们的重大领域。因此，在接下来的几页中，我会从我的其他法则书中挑出几条法则，让大家先睹为快。

我想看看读者朋友的想法。如果你们喜欢，每本书里都会追加几条其他法则书里的法则。

这不全是你的事儿

你最不需要的就是关注自己。你得少为自己考虑。

我不是想让你为难，不是想责备你把自己放在第一位，也不是想批评你太自负。我是想帮你。事实上，总是想着自己的人很少是快乐的。这不仅仅是我的观点，相关研究也表明了这一点。仔细想想，这并不奇怪。当你专注于自己（或其他事务）时，你一定会开始注意到那些你想要的东西——你希望拥有的品质、金钱和人际关系。没有人的生活是完美的，有些事情是你无法改变的，或者至少现在不能。你花越多的时间思考这些缺点，它们就会在你的脑海中占据越重要的位置。当你觉得自己被轻视、被不公平对待或被忽视时，你就会变得越来越敏感。

我们都了解这样的人。他们不停地谈论自己，如果你试图把话题引向别处，他们就会把话题拉回到他们自己身上。他们认为一切都是围绕着他们转的——他们的老板重新安排了轮值表，目的是惩罚他们、伤害他们，或者出于某种原因让他们的生活更加困难。从来不是因为老板想要建立一个更有效率的系统，从来不是因为老板根本没关心过他们，老板只是试图在众多员工和优先事项之间取得平衡。员工无法想象他们的老板没有为他们考虑，因为他们每时每刻都在为自己着想，所以他们无法理解不以自己为中心的世界。

听着，我希望你能拥有最好的生活，当然，如果你从不考虑自己的需要和愿望，这是行不通的。但为了保持平衡，你要确保你不会总是把目光转向自己。你要了解你在大局中的地位，探索你在世界上的位置，并把注意力集中在外面。其实好东西都在那里。

我讨厌一个短语："自我享受的时间"或"留给我自己的时间"。你所有的时间都是自我享受的时间，一天 24 小时。你为什么不把时间都花在你想做的事情上呢？你可能不喜欢做所有的事情，但最终你做这些事情是因为你想做。我不喜欢做家务，但我不想生活在猪圈里；我不喜欢我的孩子发脾气，但我喜欢做父母，而且发脾气是与生俱来的；我做过我讨厌的工作，因为我想挣钱；我本可以换份工作，或者露宿街头，但我不选择那样做。我的时间，我的选择。我认为"自我享受的时间"背后的意思是"放松的时间"，这本身是好的。但这个短语的部分问题在于，它暗示你剩下的时间不那么好，在某种程度上不是你的选择，这让你更难以接受所有其他活动，但会无奈地承认那也是你的选择。

除此之外，这句话还暗示着在你的生活中，你比任何人都重要，最好的时间应该留给你自己。在我看来，这听起来很危险，就好像时间的天平失衡了，你正偷偷溜向舞台中央。这可能看起来很诱人，但不会让你开心。

为了保持平衡，

你要确保你不会总是把目光转向自己。

让你的员工投入感情

你管理人——拿钱干活的人。但如果这对他们来说“只是一份工作”，你就永远不能让他们做到最好。如果他们来上班就是为了打卡下班，在这期间尽量少做些事情，那你注定要失败。此外，如果他们来工作是为了在自我享受的同时寻求扩展、挑战、激励和参与，那你就有很大的机会让他们达到最好的状态。问题是，从个人苦力到超级团队的飞跃完全取决于你。你必须鼓舞他们、领导他们、激励他们、挑战他们，让他们投入感情。

没关系。你喜欢挑战自己，不是吗？好消息是，让团队在情感上投入是很容易的。你所要做的就是让他们关心自己在做什么。这也很容易。你必须让他们看到他们所做的事情的相关性——他们的所作所为如何对人们的生活产生影响，他们如何满足其他人的需求，他们如何通过他们在工作中所做的事情来接触和触动他人。你要让他们相信（当然也合乎事实）他们所做的事情会带来改变，以某种方式对社会做出贡献，而不仅仅是让企业所有者或股东中饱私囊，或者确保首席执行官获得巨额薪酬。

是的，我知道，管理护士比管理广告销售团队更容易展示他们的贡献，但如果你仔细想想，就会发现任何角色的独特价值，并给那些从事任何工作的人灌输自豪感。要我证明一下？好的。那些出售广告位的公司正在帮助其他公司进入他们的市场，其中一些公司可能非常小。这些公司提醒潜在的客户，他们一直想要的东西可能真的是必需品。这些公司维持着报纸或杂志的运转以及雇员的薪资（依赖于广告销售收入）。报纸或杂志向购买者传递信息或给他们带来快乐，否则他们就不会买了，不是吗？

让人们投入关怀是很容易的事。看，这是理所当然的。每个人在内心深处都希望得到重视，成为有用的人。愤世嫉俗者会说这是无稽之谈，但这是事实，内心深处的事实。你所要做的就是进入足够深的地方，发现关怀、感觉、关心、责任和参与。把这些东西激发出来，你的队员就会永远跟着你，甚至不知道为什么。

你在尝试着激励你的团队之前，要确保你已经说服了自己。你相信你所做的事情会带来积极的影响吗？如果你不确定，那就往下走，往深处走，找到一种关怀的方式。

你要让他们相信（当然也合乎事实）
他们所做的事情会带来改变。

不要强求别人非得跟你一样

我曾经坐在这样一位同事的旁边：他喜欢自己的桌子保持整齐归一。真是毫无必要、毫无意义、丧心病狂。我就是这么认为的。所有的文件都摆放好，整洁的小杯垫上可以放一个咖啡杯，笔、打孔器和回形针都放在各自的位置。他的工作方式也是如此。所有东西都必须在使用完后立即归档，所有的笔记都必须用合适的彩色笔写，每封电子邮件都要用颜色编码并存档，详细的待办事项清单都要用代码标记，以表明优先级、紧急程度和重要性。

我都快疯了。他不会冲动行事，不会在任务中途改变方向，不会自发地跟进想法，也不会容忍我把一个乱糟糟的文件扔在他那堆整齐的文件上。我曾经认为，他扼杀了自己的创造力，削弱了自己灵活应变的能力。

但是……像往常一样，我最终不得不承认有一个“但是”，就是这样。如果有突发的紧急情况，猜猜谁总能在其他人之前找到相关的电子邮件？如果我们其他人忘记了一项任务的某些重要部分，谁会注意到呢？谁能以超人的效率组织任何活动或项目呢？谁每次开会都能准时完成所有的文书工作，并备好副本以防像我这样的人把文件落在桌子上呢？

说实话，很长一段时间我都看不起那位同事，因为他不能像我一样提出创意，或者让其他部门为我们部门挺身而出，或者自发地采取行动。但并不是他那井井有条的办公桌阻止了他做这些事情。他不是那种人。这张桌子最明显地说明了他的真实自我，以及他与我截然不同的特殊技能。而且我逐渐意识到，他至少和我一样有价值，只是价值体现的方面不同而已。

几乎没有人会在认为自己的风格最佳的时候感到内疚。我们会认为与自己不同的人是错的，或者至少不如我们正确。我记得大约 12 岁的时候，我在一个朋友家过夜，发现他们家用的牙膏和我们家的牙膏不是同一个品牌。我觉得他们真的很奇怪。显然我们家的牙膏是最好的品牌，否则我们不会使用这款牙膏。那他们家为什么不使用这款牙膏呢？

我知道，所有这些事情你真的很清楚，只是有时候很容易忘记。当别人把我们逼上绝路的时候，较之认为他们的行为其实合理但碰巧不适合我们，我们倾向于批评他们愚蠢、不理智或不讲道理。然而，如果你想从别人身上得到最好的东西——对你和他们都好——你必须坚定地承认，你不喜欢某件事并不意味着它是错的。一旦我最终接受了我的同事永远不会像我一样有一张凌乱的桌子这一事实，我就会更容易喜欢他、欣赏他。

你不喜欢某件事并不意味着它是错的。